愛知大学綜合郷土研究所ブックレット

⑱

鬼板師

日本の景観を創る人々

高原 隆

●目 次●

はじめに

そもそも私自身が「鬼板師」という言葉を知らなかった。見るからに何か胡散臭《うさん》い感じがする日本語である。一般の人々はまず知らない。おそらく一度も聞いたことがない人が大半であろう。その名前からして伝奇小説か何かのタイトルか、その中に登場する凄腕の達人といったムードさえ漂う。ところが事実は小説よりも奇なりである。けっして人の意表をつく小説家が織り成す世界で暗躍する怪しげな人物ではない。二一世紀の日本社会に一般の日本人と同じように生活する人々である。日常、普通に出会えばただの人にすぎない。日本の裏の世界で、または山奥で人知れず生きる人々ではない。

見かけ上は一般の人々と何ら変わりはないが、特異な技を身に付けており、それが一般の人々とはっきりと一線を画する。それはちょうど、野球選手、サッカー選手、スキー選手、プロゴルファー、書道の師匠、画家、歌舞伎役者などといった身体《からだ》に身に付けた特殊技能で生活する人々と同じカテゴリーに属する。ここにあげたなかで一番「鬼板師」に近いのは歌舞伎役者である。理由は両者とも世襲を基本的な技の継承手段にしているからである。両者の大きな違いは、鬼板師は無名に近いが、歌舞伎（役者）はたとえ実際に劇場へ行ったことはなくても、その名前だけは誰もが知っていることであろう。ところが面白い反転現象が存在する。「歌舞伎」は誰もが知っているが、実際に見たことがあるのはせいぜいテレビか雑誌を通してであり、実演・実物を観たことは大半の人にとってないのが普通である。一生を通してもおそらく本物を観ることは少ないのが実情であろう。

一方、「鬼板師」はほとんどの日本人にとっては無名に近い存在である。しかし、鬼板師を見ることはないにしても、鬼板師が実演して作り出す実物・本物は日本中どこでも日常的に目にすることができる。一生に一度あるか無いかどころか、毎日、目に入らない日はないと極言できるほど一般的なものである。怪しげな名前の「鬼板師」が何か幻術でも使っているかのような話であるが、それが日本の現状であり事実である。その鬼板師が日々作っているものが「鬼瓦」なのである。そして日本の鬼瓦のほぼ六割は現在、愛知県の高浜市や碧南市およびその近郊で作られている。この地域は旧国名で三河の国とか三州と呼ばれる地方に属している。当然のことながらそこに多くの鬼板師が集まり、生活をしていることになる。しかし、その実数は日本人口に比べてあまりにも小さいので、「鬼板師」の名前が世に知られることはほとんどない。それに反して彼らが作る鬼瓦は日本の伝統的な家の屋根に少なくとも棟の前後、二つは載っているわけである。

一　瓦と鬼瓦

◉——鬼板師との出会い

「鬼板師」を知らない私がどうしてそういった人々と知り合うようになり、深く傾倒するようになったかについて語りたい。事の起こりは今からほぼ一〇年前の一九九八年六月六日にさかのぼる。日時がはっきりしている理由は、この日、愛知大学国際コミュニケーション学部が新学部として開校記念講演会を豊橋キャンパスの六号館六一〇号室で開催しているからである。その時に特別講演者として招かれた人が米国のインディアナ大学フォークロア研究所のヘンリー・グラッシー教授であった。私の直接の師であり、この講演に関するすべての世話並びに通訳を私が担当した。この講演が終了するや、すぐにヘンリーと彼の家族キャッシー（妻）とエレン（娘）、そして私の四人で豊橋駅から京都駅へと行き、近鉄奈良線で奈良へ向かい、ヘンリーたちが望んでいた日本の古都を見てまわった。

その翌日のことである。斑鳩《いかるが》の町にある聖徳太子ゆかりの世界最古の木造建築、法隆寺を訪れた時のことであった。ヘンリーたちと一緒に歩いていると、そのあたりの民家の軒がとても低く、われわれの目線のすぐ近くまで降りてきていることに気づいた。その時、すでに目は屋根へと移り、屋根にある瓦以外に何か別のものがあることを知ったのである。「鬼瓦」との出会いの瞬間である。もちろん私は日本生まれの日本育ちなので実際は数限りなく鬼瓦は見てきているわけである。しかし、意識して「観」始めたのはその時が最初であった（図1）。

図1　屋根の上に載る鍾馗（奈良市）

なぜこのようなことが起こったのかというと、その当時、すでにヘンリーと私は二人で共同プロジェクトを組んでおり、日本各地の焼き物の産地を訪ねては、その地に息づく伝統的な手作りによる置物の世界を探求していたのである。別名「陶彫《とうちょう》」と呼ばれている。この陶彫はいわゆる焼き物の世界ではマイナーな存在であり、一般の人がイメージする湯呑みや皿や花器などの「器の世界」とははっきりとした境界線が存在する。今から思うと、その違いは、普通の瓦と「鬼瓦」の違いに当たるものであるが、その当時はまだ知らない世界であった。ただ陶彫の伝統は焼き物の世界ではマイナーな存在とはいえ、日本各地の焼き物の産地にはほぼどこにおいても今日でも細々とながら伝えられており、実際にその技を独自に発展させている人々が存在する（図2）。その伝統と技と美に惹かれてわれわれ二人は日本各地を彷徨《さまよ》っていた。そして置物といえば「布袋様」、「恵比寿様」、「大黒様」、「鍾馗様」、「観音様」などいろいろとあり、家々の玄関や床の間などに置かれているのが一般的な姿であろう。ところがフッと目に飛び込んできたものをよく観ると、なんと置物が屋根の上にあったのだ。私のもっていた今までの置物のイメージは家の「中」に置かれているものであった。その時に見たものはなんと屋根の上、つまり家の「外」に置かれてあった。しかも真っ黒である。エーッと何かが弾けたような感じがした。しかもよく見回すとあそこにも、ここにも、そこにもといった感じであたりの屋根、屋根にいろいろな形をしたものが置かれており、その中には怖い鬼のようなものまであることに気づくにはそれほど時間

図２　陶彫を実演中の増田重幸（米国スミソニアン博物館シルクロード展、2002年）

はかからなかった。「あっ、これは何かあるな」と直感めいた確信が広がり、屋根の上にあるもう一つの、その時はまだ未知であった陶彫の世界に思いを馳せ始めたのであった。そして見かけは古そうだが、こうやって実際に屋根の上に載っているということは、現在でもそれを作っている人々が必ずどこかにいるに違いないと考え出した。京都駅でヘンリーたちと別れ、豊橋に着くや否や、早速「屋根の上の陶彫」の探索を始めたのである。心の中はやや興奮気味であった。「屋根の上」と「屋根の下」にそれぞれ「陶彫の世界」がまるでパラレルワールドのように存在している。そんな馬鹿なといった気持ちだった（図３）。その週の土曜日には瀬戸市在住の陶彫師、加藤進氏のもとへ向かっていた。加藤さんにこの話をすると、しばらく考えていたが、次のように言った。「直接は知らんけど、高浜は瓦の産地じゃけん、高浜市役所にでも電話されてみいな」と。

図３　屋根の上の陶彫（豊橋市）

愛知県矢作川《やはぎ》の中流域にはトヨタ自動車の本社をもつ豊田市がある。そこへ流れ込む支流の源に猿投《さなげ》神社、そしてその背後には猿投山がなだらかな緑の稜線を描きながら聳《そび》えている。またそこら一帯は瀬戸焼の故里《ふるさと》であり、今でも昔の窯跡があちこちに散在しており、猿投山を歩くと陶器の破片は簡単に見つかる。この猿投山の裏手が瀬戸焼で知られる瀬戸市である。陶彫の調査で何度足を運んだか知れない。一方の高浜市や碧南市は矢作川の下流域にある瓦の町である。そこには矢作川という自然の動脈を通じて粘土という血が上流から下流へと流れており、明らかな繋がりがあることは当初から予測していた。瀬戸焼も高浜の瓦も同じ土物、すなわち粘土から生まれる。しかも同じ山と川が育む粘土である。土と水と火と人が織り成す独特な世界である。ここに「屋根の上」と「屋根の下」の陶彫の世界が目の前に展開し始めたのであった。一見異なるものがシンクロし始めたといえる。

高浜市役所へ電話すると、すぐに返事があり、「それは鬼瓦屋さんのことでしょう」と言われ、「鬼瓦屋さんは、高浜では鬼板師と呼ばれ、その組合もあります」とのことだった。そして紹介されたのが、当時、鬼板屋の組合長だった上鬼栄さん。さらに「もしよければ」と言って、鬼源さんと鬼亮さんという何やら曰《いわ》くあり気な、どことなく怪しげな響きのする計三人の鬼板屋さんの電話番号をもらったのである。それは文字通り、未知の世界へと扉がわずかではあるが開いたその瞬間であった。ただ紹介とはいえ、電話番号と名前を教えてもらっただけであり、「直接の紹介はできません」と丁重に断られてしまった。何も知らない「鬼板師の世界」が目前に迫っていた。

●――三州と瓦産業

高浜市およびその近郊の町々から製造される瓦は「三州瓦」と呼ばれる。三州とは三河の国の別称であり、現在の愛知県東部を指し、三州瓦とは三河地方とその周辺から産出する粘土で焼いた瓦を一般にいう。特に今日では愛知県の高浜市と碧南市を中心に瓦産業が集中している。地理的には矢作川右岸下流域の衣浦《きぬうら》湾一帯で製造されている瓦といってもいい。瓦産業が特に集中している高浜市と碧南市へは何度となく足を運んだが、大量の瓦を焼く町のイメージとしての窯と煙突は残念ながら現在ではほとんど町から姿を消している（図４）。あえて瓦の町を髣髴《ほうふつ》させる光景はといえば、工場のそばにある敷地に平積みされてビニールシートで覆われている多数の瓦の群塊であろう。煙突から出る黒煙に代わり、瓦の原材料の粘土や、出来上がった瓦を運ぶトラックの撒き散らす粉塵と排気ガスの煙がこの町に瓦産業があることを教えてくれる。平成一七年通産省「工業総計表」によると、三州粘土瓦は全国生産量の約五五・八％、年生産枚数は約四億八千万枚、金額にしておよそ四六〇億円の生産をあげている全国一の瓦の生産地である。

図４　ありし日の光景：達磨窯にて瓦を焼成（高浜）

　三州瓦の歴史についても少しふれておきたい。これに関しては駒井鋼之助（一九六〇、一九六三、一九六六）が詳細に調べている。まずいかに三河の地に瓦の技術が伝わってきたかについての推測である。それは古く奈良・平安時代へとさかのぼる。その時代に三河の地に七カ寺が造られ、その廃寺跡から当時の古瓦が多数出土している。このことから瓦の技術が寺院の建立とともに伝わり、三河地方に土着化した可能性が考えられる。また鎌倉時代に入ると、渥美半島の伊良湖岬で、奈良の東大寺の瓦が焼かれ、建久二年（一一九一）の東大寺再建の際に使われている。その三河の瓦の葺《ふ》かれた東大寺は二度目の兵火によって永禄一〇年（一五六七）に火災に遭い、宝永五年（一七〇八）に建て直されている。しかしその再々建された現在の建物である東大寺には三河の瓦は載っていない。ただこの東大寺再建の件からも三河の地に瓦の技術が伝わっていることがわかる。

　現代の三州瓦に直接、歴史上関わってくると思われる話が、「三州瓦五百年説」である。この説に基づいて元祖三州瓦の家とされる碧海郡桜井町（現在の安城市）の岩瀬家には三州瓦元祖の碑が建っている。その説とは岩瀬家十七代目岩瀬善四郎が寛正元年（一四六〇）室町時代に瓦製造を始めたことを指す。碑それ自体は昭和四年（一九二九）に当家三十七代目の善太郎によって建てられている。この説について疑義を質《ただ》したのが駒井（一九六六）であった。理由は三点ある。㈠岩瀬家は武家であった。㈡岩瀬家付近にも近郊の寺々にもその時代を示す証拠としての布目瓦が見つかっていない。㈢当時（戦乱時代）の田舎では瓦の製造販売を必要とする需要があるはずもなく、瓦の営業は成立しない。以上の理由から駒井は従来の通説を退けて江戸時代に入ってから岩瀬家は瓦師を始めたのではと推測する。

　瓦はもともと寺院の専用物として使用されてきたわけであるが、一六世紀後半の桃山時代になると築城が盛んになり、瓦の需要が増大する。三河にも吉田城（豊橋）、岡崎城（岡崎）、西尾城（西尾）、刈谷城（刈谷）、安祥城（安城）などが築城されている。これをもって三河の地方に瓦の技術が大きな第二波として伝わり、再土着化またはすでに存在した土着の瓦技術の活性化を促したと考えられる。このように瓦の技術的な基礎は長い年月をかけて主に寺院と城の建築と補修工事に触発されてそれぞれの土地の伝統技術として少しずつ広まっていったように思われる。

　さらに技術と同時にそれを支える原材料として、瓦に適した多量の粘土が矢作川流域から衣浦湾一帯にかけて出ることが、三州瓦を育んできた文字通りの土壌になっていることは明白である。

　そして三州瓦を発展させる経済的・政治的な要因が瓦の技術の蓄積に有機的に作用していることも見逃せない。それが江戸時代である。江戸での瓦の需要をまかなったのが徳川幕府直轄地の

図5　閑谷学校の鬼瓦（備前焼）

三州であった。初代将軍徳川家康は三河武士であり、三河の地、岡崎の生まれでもある。江戸と三河が密接な関係にあったことは言うまでもない。この江戸と三河を結ぶ物資の海上輸送の出現が矢作川下流域および衣浦湾に面する地域に瓦産業を生み出す決め手になった。当時の大量輸送手段は船であった。そしてこの船便はなんと大東亜戦争まで続き、やがて貨車、トラック輸送へと引き継がれていった。

　以上「三州瓦」がどのように三河の地に育まれてきたのかを概観してみたが、いきなりこの地方に誕生したわけでも、また、他の地方から突然移植されたわけでもない。三河の風土、長い歴史、経済、政治、宗教などの諸条件が土地の人々との生活と深く関わり合いながら、三河独特の伝統産業としてゆっくりと成長してきたようである。また矢作川はその中流域に発達している瀬戸焼の原料となる猿投山の良質な粘土などを長い年月をかけて下流域にもたらし、この地域に土物の技術の基盤を築き上げた。その過程で土物を受け入れ伝える広い文化的な基盤が土地の人々の間に形成されたのではないかと思われる。当然のことながら、瓦の技術と焼き物の技術または土物一般の技術と知識に関して、人々の交流は土の大動脈である矢作川を媒介に古くからあったと考えられる。焼き物の産地での瓦への応用で有名な例は国宝でもある岡山の閑谷《しずたに》学校である。備前焼の瓦が使用されており、瓦と焼き物の互換性を示す良い例といえる（図5）。逆の例も存在する。山口県萩市の阿川典夫氏のケースである。阿川さんは家がもともと瓦屋であり、本人も実際瓦を作って焼いていた。ところが阿川さんは瓦を焼きながら、地元の焼き物、萩焼に興味を示し、瓦屋を廃業し自ら天正山窯を立ち上げ、萩焼に移っている。また通常の茶器も作るが、主力は独自の萩焼式陶彫である。以上のことから、「矢作川粘土文化圏」なるものが遥か縄文時代（約一万年前）にもさかのぼる太古から存在し（三河には多数の縄文遺跡がある）、この地への仏教の伝播とともに瓦の技術が矢作川粘土文化圏の中に取り込まれ、新しい枝葉として成長し、この地特有の「三州瓦」なるものが生まれたと推測される。

●——瓦

瓦とは屋根葺《ふ》きの材料であり、屋根といえば瓦を連想するのが現代では自然な感じがする。しかし、それは一つの思い込みにすぎない面があり、事実、多様な材料が屋根を覆う素材として使われている。銅板、トタン、アルミ、プラスチック、スレート、板石、セメントなどである。ではもともと伝統的に屋根素材は瓦だったが、こういった新しい素材が現代社会において急に登場してきたのかといえば、意外にそうではない。瓦葺《ぶ》きのみならず、藁《わら》葺《ぶ》き、板葺き、柿《こけら》葺き、茅《かや》葺き、檜皮《ひわだ》葺き、杉皮葺き、などなど、階層、用途、風土、伝統、時代などに応じてさまざまに昔から変化してきている。こういったさまざまな素材からなる現代の屋根ではあるが、その中でも独特な伝統と美を育んできたのが「粘土瓦」つまり一般にいう「瓦」である。

今日でこそ、屋根の一般的なイメージは瓦葺屋根をもつ日本式家屋として定着している。ところが、この瓦葺屋根をもつ日本のイメージは思いのほか新しく、江戸時代、八代将軍徳川吉宗によって一七二〇年、たび重なる大火が原因で、江戸の民家に瓦葺奨励の布告が出されて一般町民にも普及し始めたものである。全国に普及するのは明治時代になってからである。しかも都市部を中心として広がっていったもので、けっして古くからあった日本の一般的な光景ではない。

さらに一七二〇年以降ゆっくりと一般民家に広がっていった瓦は、日本独自の形をもつ瓦で

図6　本瓦葺き（丹波篠山町）

図7　桟瓦葺き（豊橋市）

あった。その名称を「桟瓦《さんかわら》」といい、現代では一般に「和瓦」といわれている。桟瓦の発明は延宝二年（一六七四）に近江三井寺の瓦工、西村半兵衛によってなされた。これが事実上、日本に瓦屋根をもたらし、現代日本の景観の基礎を築いたのである。江戸後期から明治時代にかけて日本の屋根に大変革が起きたことがわかる。ところがいったん広がると瓦屋根はあまりに当たり前な日常風景となり、空気のように日々の生活に溶け込んで人々の意識の上にのぼることは少なくなってきているといえよう。

　では桟瓦以前の瓦は一体なんだったのかと問えば、そこに大きな変化が発生したことが浮かび上がってくる。その昔は平瓦と丸瓦を組み合わせた「本瓦葺き」という屋根が日本の瓦屋根であったのである（図6）。これに対して現代の一般民家に広がっている瓦屋根を「桟瓦葺き」という（図7）。桟瓦葺き以前の時代は、一般民家は草葺きか板葺きがほとんどで、瓦葺きは基本的には寺院や城郭に限られており、瓦が伝来したといわれる五八八年以降、約千年余りそうした状態が続いたのである。別の言葉で表現すると、その千年もの長い間、異国の宗教である仏教寺院の屋根を覆っていた瓦のスタイルが「本瓦葺き」といわれるものであり、それはとりも直さず、中国大陸式だったのである。つまり、今日でこそ、仏教

図８　織田町の景色（福井県宮崎村）

寺院を外国視する感覚はほとんどないと思うが、その当時は一般社会から浮き上がったエキゾチックで、モダンな建物であった。それゆえ、いかに日本の屋根および全体的な日本の風景が桟瓦の出現以降変化したかが想像できると思う。それも事実上の大衆化は明治以降、本格的に一般民家に桟瓦が広まってからのことである。日本における長い瓦の歴史の中で、いわば日本の屋根はほんのつい最近になってようやく実質上の日本化を遂げたといえよう。

一方、本瓦葺きの屋根は現代でも日常生活の中で見ることは可能である。桟瓦の普及によって消えてしまったわけではない。一般のお寺の屋根は本瓦葺きが多く、基本的な屋根のスタイルになっている。お寺に行くと、何か日常の光景に比べて一種独特な違和感や雰囲気を覚えるのは、本瓦葺きの屋根に負うところが大きい。本瓦葺きの屋根は重厚であり、事実その伝統の重さを感じさせる。そして本質的に本瓦葺きは異国中国大陸式瓦であり、そういった違和感はある意味で日本人としてきわめて自然な感情であろう。桟瓦葺きの屋根は本瓦葺きの屋根と直接比べてみるとやはり軽く浅い感じがするのは否定できない。「あっさり」しているといってもいいかも知れない。それが屋根瓦の日本の姿なのである。つまり日本の屋根は長い年月をかけてゆっくりと日本の環境に適合しながら文化変容してきたといえよう。その過程で日本の景観がじっくりと浮かび上がっていったのである（図８）。

◉——鬼瓦

屋根の上の瓦を見上げると、いろいろな種類の瓦があることに気がつく。日本では瓦は大きく和瓦と洋瓦に分けられ、さらに和瓦が本瓦葺きと桟瓦葺きに分かれる。洋瓦はS型、スパニッシュ型、フランス型、などに分かれる。またここ十数年ほどの間に広まってきているのが、平板(瓦)といわれる洋瓦である。さらに製法上からこれらの瓦は大きく「燻《いぶ》し瓦」「塩焼き瓦」「釉薬瓦」「無釉薬瓦」の四つに分かれる。そしてこれらの組み合わせによって多種多様な形状、色彩の瓦屋根が登場する。こういった瓦が屋根の本体を覆うわけだが、屋根の隅や端にあたるさまざまな場所は装飾を兼ねた「役瓦《やくがわら》」といわれる特殊な形状の瓦が使われている。私がヘンリーと奈良へ行った際に気がついた屋根の上の風変わりな瓦がそういった役瓦の一部だったわけである。そして建物の中で一番高い場所を「棟《むね》」といい、その棟の端を飾る瓦を屋根の「棟飾瓦《むねかざりかわら》」といい、一般には「鬼瓦《おにがわら》」と呼ばれている。

「鬼瓦」という名称から「鬼」の形をした瓦を想像したくなるが、現代の日本の屋根に載っている鬼瓦は本来の「鬼」の形から逸脱し、多様な形をした鬼瓦がそれぞれの家の屋根に使われている。それゆえにこの伝統的な名称に疑義を唱える人々もいる。駒井鋼之助(一九六八)はその代表格の一人である。駒井のあげている別の名称として、藤沢一夫「棟端飾板」、木村捷三郎「棟端飾瓦」、駒井「大棟飾瓦」としている。こういった考えが出るのはもっともなことではあるが、要は見方の問題である。鬼瓦の機能に目を向ければ、駒井の言わんとすることもよく理解できる。一方、現代の鬼瓦が鬼面をもつもともとの「鬼瓦」から由来してきたものと解釈すれば、「鬼瓦」の謂《いわ》れがよく分かるし、今日に至るまでの変化のさまも一目瞭然となる。機能にこだわると

図９　ある民家の青い鬼瓦（豊橋市）

その歴史的な意味合いが消えてしまうことになる。ここまでくると、私がなぜ「鬼板師」は知らずとも、「鬼瓦」は見かけない日はないといったかが理解できると思う（図９）。

「鬼瓦」というと、小林章男に言及しないわけにはいかない。鬼瓦のことに関しては小林の右に出るものは現在のところなく、小林の鬼板師としての長い経歴と長年にわたる実地に基づく鬼瓦の研究成果を参照することなしには、鬼瓦について語ることは困難である。現在は小林の工場は奈良市郊外に移転してしまったが、もともとは瓦宇工業所という瓦工場は近鉄奈良駅から歩いて一〇分足らずのところにあった。その会社の事務所の二階に小林の文献に出てくる鬼瓦の実物が整然と、所狭しと並んでいた。そこは文字通り博物館の体《てい》をなしており、その「鬼瓦」のコレクションは国宝級といっても言いすぎではない。世界でそこにしかないものを小林は自分の手元に置いているのである。その「瓦博士」の異名をもつ小林章男は鬼瓦を含めて建物の棟端を飾る意味を次のように述べている（図10）。

「住居の一番高い処、それは棟で、日本人は古くからずっと、天に最も近い処に神様は天下ると信じ、高い頂、すなわち高山の頂上であり、神代木《じんだいぼく》の梢であったり、低くても岩山の岩角にでも突出したところに神は降臨されると信じて礼拝してきた」（小林　一九八五）

「日本人の心は棟を、特に棟端を神の降臨される処として飾り、祝い、崇め、祈って願い事まで掛けるほどであった」（同上）

図10　「鬼」のループ・タイをつける小林章男（奈良市奈良町藤岡亭・平成12年6月10日）

「鬼瓦」とは一体何なのかが、小林の言葉からよく伝わってくる。昔の人が鬼瓦に対して抱いていた畏怖の感情ないしは感覚が蘇ってくればその人は今も神との交通を保持しているといえよう。ただ残念ながら現代では先ほど述べた平板という洋瓦の流行とともに「鬼瓦」が屋根に載らない構造の建物が急速に増えてきており、「鬼瓦」に対する感覚が鬼瓦自体とともに社会から消えつつあるのも事実である。

さてその小林によると、日本へ瓦が伝えられた西暦五八八年頃に当時の朝鮮半島にあった新羅、高句麗には人獣面相の瓦ができていたが（図11）、日本に伝来したのは百済の蓮華文様であった。そして、飛鳥時代から鎌倉時代の終わり頃までの約六〇〇年間は棟端を飾る瓦として「吻《ふん》」と呼ばれており、招福の神として使われてきたという。当時の吻は木型に粘土を押し込んで型取りをする作り方であった。これは朝鮮半島で使われていた製法が日本へ伝わってきたものである。現代においても少なくとも韓国では棟飾瓦は木型ないしは木型から型を取って鋳込んだ金型を使った古来の製法がそのまま主流として使われている。私は平成一九年四月から平成二〇年三月にかけて韓国でフィールドワークを行なってきた。その時、各地の瓦工場の現場を訪ね、さまざまな模様にレリーフされた木型に粘土を押し込んで型取りをしていく方式を知り、日本のやり方とは大きく違っているのに驚いたものである（図12、13）。

では日本のやり方とは何か。小林（一九九八）によると、それが突然、急に、「鬼」「オニ」、「鬼瓦」と変化し、「オニ」と銘された棟端飾瓦が貞治二年（一三六三）に現れたという。招福神の「吻」が鬼化し、想像（創造）で作られた角をつけた鬼面相へと変化したのである。これは

図11　統一新羅時代の瓦（韓国慶州博物館）

図12　瓦の木型（韓国慶州市）

図13　韓国瓦（韓国ソウル市昌徳宮）

「鬼瓦」の誕生を意味する。つまり、棟端飾瓦の日本化が起こったのだ。レリーフ式で平板な型押しから成型されていた「吻」が手作り鬼へと製法が変わり、もともと平面であった「吻」が隆起し始め、立体化したのである。「桟瓦」誕生に先立つこと三一一年前のことであった。もっともこの年数はおおよその数字である。「オニ」と刻まれた棟端瓦（貞治二年）が見つかったにすぎず、それと似た形状のものは当然他にあるわけである（図14）。

日本化の流れはこれに止まらなかった。桟瓦は瓦の日本化である。ところが屋根全体に及ぶ瓦屋根の和風化が、日本に出現した「鬼瓦」を再度変容させるのである。寺から民家へと瓦の空間が徐々に広がり、一般庶民の家へと桟瓦が普及していった。すると庶民はそれまでお寺の境内の鬼瓦であったものが、自分たちの生活の場に入り込んでくることに気づくのである。畏怖の対象がお寺にあるうちは問題はなかったが、鬼が日常生活の中に現れると、人々は屋根の鬼を恐れ、さらには嫌い始めるのだった。隣近所のそれぞれの屋根に鬼が住み、睨みを利かす事態に人々はハッと気づいたのである。その結果、民衆の感情を反映してやがて「鬼らしくない鬼」が創り出されることになった。つまり鬼瓦の第二次変容が起きたのである。日本化した鬼瓦のさらなる日本化が発生したことになる(図15、16)。これは小林がいう「鬼瓦」の意味が当時リアルに人々の間に息づいていたことを意味している。ただ本瓦が現代でも寺院や一部の一般民家に残っているように、鬼瓦も鬼の相をしたものは主に寺院の屋根に載り、棟端からしっかりと睨《にら》みを利かしている。

図14　鬼瓦（東京浅草寺）

図15　鬼瓦（奈良市）

図16　鬼瓦（碧南市・梶川亮治作）

二　鬼板師とは

「……鬼面の瓦に二本の角を生やし、頭を前に出し、屋根の上からじーっと睨み出す鬼面瓦を生んでくれたのが瓦大工『橘の寿王三郎吉重』なのです」（小林　一九八二）

ここに登場する瓦大工吉重こそが現在に至る「鬼瓦」を完成させた人物ということになる。もちろん、無名の瓦大工はそれまでにも数多くいたと思われるが、歴史上、名前が実名で鬼瓦とともに残っている今日でいう「鬼板師第一号」である。奈良在住の小林は「鬼師」と呼んでいるが、三州では昔から鬼師のことを「鬼板師」といい、伝統的な鬼瓦を作る特殊技能をもった人々を指す。他でもない、「瓦博士」こと小林章男本人が鬼師であり、文化庁より国の選定保存技術者として昭和六三年に任命されている。鬼瓦の世界の「生きた人間国宝」である。

◉――三州鬼瓦

さて三州鬼瓦の起源であるが、これまで追ってきた「三州瓦」と同様にはっきりと同定することは現在のところ困難である。ただ瓦の技術の伝播と三州への土着化および三州が長い年月をかけて培ってきた「矢作川粘土文化圏」の存在を考えると、三州鬼瓦の起源は思いのほか古いようである。なぜなら、寺院や築城の際に使われる本瓦葺きは平瓦と丸瓦からなる本瓦だけでは不十分で、やはり役瓦が、要所、要所に必要となり、鬼瓦は棟を飾る重要な役割を担っていたからである。しかも日本式鬼瓦の技術は日本式桟瓦が登場するおよそ三〇〇年も前の一三六三年に現れており、三州鬼瓦は記録にこそ残っていないが、現在の記録から推定される起源よりかなり古いと思われる。

一方、鬼瓦産業としての「三州瓦」は享保五年（一七二〇）の徳川吉宗による民家への瓦葺奨励の後、地場産業として本格的に栄え始めたものと思われる。鬼瓦は通常の瓦とセットではじめて屋根の用を足すものであるから、三州瓦の勃興とともに、鬼瓦の世界も活気づいたものであろう。ただ、この享保五年の民家への瓦葺き奨励政策は「瓦葺き禁止令」の解禁を意味していた。江戸は火事が多い町であり、明暦三年（一六五七）の明暦の大火の時に、屋根瓦の落下によって多数死傷者が出たために、屋根瓦が禁止され、板葺きが義務付けられていたのである。その他にも三州鬼瓦に関連して参考になる年がある。高浜市春日神社に奉納され、現在高浜市かわら美術館三階の展示室に置かれている瓦焼の狛犬一対がそれである。この狛犬には「享保八年、三州高浜村瓦屋甚六……」と刻み込まれている。享保八年と享保五年との間に三年の差があるが、「鬼板師十年」といわれるように、一朝一夕に習得できる技術ではない。また、享保五年以前にあった「瓦葺き禁止令」は六三年の長きにわたって続いている。つまり「瓦葺き禁止令」が発令された明暦三年までは徳川家康が慶長八年（一六〇三）に江戸に武家政権を開いて以来、江戸の町づくりに連動して瓦の需要が盛んであったことを意味している。ただ当時はまだ本瓦葺きの時代であり、一般民家への普及は武家および有力な町人に限られていた。桟瓦が発明されるのは延宝二年（一六七四）のことである。しかし、その本瓦が三州から江戸へ渡ったとすると、三州における鬼瓦の伝統は一七世紀前半へとさらにさかのぼることになる。江戸での需要に対応するため、鬼瓦の生産は当然のことながら、それ相当の数の鬼板師が活躍していたことを意味する。

◉——三州鬼板師

さて江戸時代、享保五年（一七二〇）の民家への瓦葺き奨励は江戸の瓦葺きの需要を押し上げ、徳川家と深い繋がりのある三州はその主要な供給先となり瓦産業を成立させた。興味深い事実は、三州から江戸へは現物の瓦を海運を利用して大量に送りつつ、同時に三州周辺の各地に瓦師を送り出していたことである。これによって当時の運送能力で賄《まかな》えないところを技術者の出稼ぎという形で、各地に起こってきた瓦の需要を支えてきたのである。この出稼ぎについて調査している資料が「屋根瓦は変わった——信州の瓦屋と三州の渡り職人」（細井一九九八）である。その中に最も早い出稼ぎの例を見ることができる。天明元年（一七八一）愛知県知多郡常滑村の出身である岩田源兵衛が佐久郡相浜に来て瓦焼をしたのが始まりとある「南佐久郡誌」と、佐久市根岸の小松国男氏所蔵の鬼瓦に書かれている「干時天保六乙未年閏七月中旬造之　寵元　相浜瓦屋源重郎細工人　岩田氏」とを結びつけ、岩田氏本人かまたはその一族の可能性を示唆している。言い換えると、この事例により三州から信州へ瓦職人が出稼ぎを始めた年の確認が少なくともでき、また瓦職人と鬼板師との深い繋がりが同時に見えてくる。寛政元年（一七八九）には三州近隣（知多郡）の瓦師一三名が瓦の株をこれ以上増やさないように願い出ているさまを述べ、三州及びその近辺で瓦師として独立できなかった者が新天地を求め、幕末の頃から信州に来るようになったのではといっている。

この他にも三州の瓦職人の中部、関東、果ては新潟まで渡り職人として流れていったさまは、『高浜市誌資料㈥』に詳しい。明治七年（一八七四）の戸籍簿から抽出した数字で三州高浜村からの瓦出稼ぎ人数は七六人となっており、その中にはかなりの数の鬼板師と呼ばれる鬼瓦を作る職人が含まれていたと見てよいであろう。これは異常な数の数字であり、三州高浜村を中心に「三州瓦」が地場産業としてしっかりと根付いているさまと「三州瓦」技術の伝播の有様を物語っている。

◉——バンクモノ

上記の「瓦師」の三州から他の地方への出稼ぎの記録より鬼板師の存在をうかがうことはできるが、はっきりとした鬼板師と瓦師の区分けは困難である。しかし、私が高浜や碧南でフィールドワークをしている間に実際に鬼板師をしている人々の口から鬼板師の出稼ぎの様子をいろいろと聞くことができた。それがどういったものなのかをここに紹介しようと思う。

まず、こういった出稼ぎをする鬼板師のことを「バンクモノ」と鬼板師たちは呼んでいる。では文字にするとどうなるのかとたずねても誰も知らなかったのが実状であり、ただその名称だけが「バンクモノ」として鬼板師たちの間で存在していた。ずっと気にかかっていたし、面白い現象だなと思っていたところ、一つの答えが出てきた。「鬼瓦をつくる」（二〇〇三）によると、「バンクモノ」とは「渡り職人のことであり、その名称の由来は、その日その日の泊まるところを常に考えねばならず、晩のことが苦になることから来ているという」と説明されている。つまり「バンクモノ」は「晩苦者」と表記できることになる。

岩月仙太郎（慶応三年（一八六七）～昭和一五年（一九四〇））は高浜で最も古い鬼板屋の一つといわれている鬼仙の初代である。旅職人をしながら四五歳の頃まで静岡県から長野県あたりを季節に応じて転々としながら生活をしていた（図17）。

図17　岩月仙太郎（初代鬼仙）

図18　神谷春義（初代鬼源）

結局、三河の鬼屋さんに弟子入りするよりも、向こうへ、遠州の方へ行った方が良いわっていうふうで、魚屋ほかっといて（もともと魚屋をしていた）、引き売り止めて、瓦職人ね。ほで、親方誰もいない。一匹狼で、見よう見まねで。結局、何ていうだね、一月《ひとつき》、二月《ふたつき》、瓦屋さんに逗留しては、そこで飯食わせてもらって、何がしかの賃金貰って、また居心地が悪うなった、良くなったふうで、クルクルやった。寒い時はぬくたい遠州路を。で、仕事しとって暑くなってくると、富士川を沿って、身延山のずうっとあっちはものすごう瓦屋さんが多いとこなの。今から二〇年ぐらい前までは。何ていうですか、公害がやかましくなるまでは、どこの村いっても瓦屋さんがあったの。そのぐらいあったから、確かな、ある程度の腕をもっておればいくらでも雇ってもらえて。

この仙太郎の甥に当たる神谷春義（明治一一年（一八七八）〜昭和二八年（一九五三））は後に鬼源を興し、現存する鬼板屋の中において高浜で一番古く鬼板屋を始めているが、仙太郎を頼って遠州へ行き、一緒に旅職人をしながら鬼板の技術を習得している（図18）。その師に当たる仙太郎は文字通りの「バンクモノ」だったらしく、「儲けた金は全部博打《ばくち》でいかれて」と孫に当たる五代目鬼仙の岩月清は話してくれた。

図19　山本吉兵衛（山本家掛け軸）

三州鬼板師のもう一つの元祖として知られる山本吉兵衛（文政一三年（一八三〇）～明治三七年（一九〇四））もやはり出稼ぎであった。吉兵衛は山本成八（現山本鬼瓦工業の祖先）の次男で、江戸時代の終わりごろから、およそ一〇年近く職人として修業に出て、明治七年ごろ高浜で鬼瓦屋を始めたといわれている。事実上、吉兵衛が三州で知られている最も古いバンクモノといえるが、鬼板屋としては一代で途絶えており、吉兵衛のバンクモノの話は伝わっていない（図19）。

しかし、吉兵衛の血が直接伝わっている鬼板屋は現存する。それが「鬼百」である。吉兵衛の娘「おたけさん」と吉兵衛の職人であった梶川百太郎が一緒になり、独立して興した鬼板屋が鬼百なのである。この百太郎の長男、梶川賢一がバンクモノであった。賢一の五男である梶川務から聞いた話である（図20）。

図20　梶川賢一（二代目鬼百）

このあたり、やっぱり仕事が一年通してなかっただ。みんなそれぞれ、親父もあの時分、その、縄張りがあってね。うちの親父は遠州の方へ。あの、瓦屋さんに出張にね。頼まれると、どこそこの家へ、一〇日なら一〇日。隣の瓦屋さんにまた一〇日っていうようでね。鬼を作りに。ほうすっと、

図21　伊藤用蔵（鬼百小僧時代）

向こうさんは瓦屋さんだから乾かして自分で焼かせる。そういうことはみな、職人はやっとったみたい。親父は、まあ、遠州の袋井あたりがどうも縄張りだったみたい。そんで、まあ、頼まれて、「山形のほうの大きなお寺も行って作ってきた」っていうような、そんな話も、わし、聞いたことがある。

百太郎の鬼百で職人をしていた伊藤用蔵（明治一四年（一八八一）～昭和四一年（一九六六））もバンクモノとして旅職人をしている。後に豊橋で伊藤鬼瓦を興しているが、用蔵の息子の二代目豊作から聞いた話である（図21）。

善光寺、昔はみんな行っただね。死ぬ前に歩いて行ったもんね。こっちから岡崎出てねえ。岡崎からずっとあっちの伊那の方とおって、だんだん信州路に入って。ほいで、あの、仕事しながらね。

ほんで、ここで鬼瓦作ると、「お前さん、いい仕事する。わしゃ方《がた》にきてやってくれんか」という。「ほや、やってもいいがな」って。ほんで、そこ、まあ、泊まって、次へ一週間なり、一〇日なり、そこにおって。それからまたそこやっとると、ほかの鬼屋が見にきて、「こや綺麗な鬼寄りだ。お前さんどうだい。わしゃ方ちっとやってくれんかい」「そや、やってもいいけど急いどって。お祖父さん連れとって信州の善光寺参らんならんでね」

その当時は善光寺への道中や、善光寺周辺にはかなり多くの瓦屋があったらしい。用蔵は一週間おきぐらいに瓦屋を渡り歩いて、鬼瓦を作りながら路銀《ろぎん》の足しにしていたのである。

まず善光寺からずっと向こうね、あの、瓦屋がたくさんあってだね。あっち行くと、そこらで、ここで一週間仕事せると、一週間やって、そんで、今でいう、こういう板（合板）でやってちゃんとするじゃなくて、あの、雨戸をはずいてね。戸を閉める雨戸。あいつを持ってきて、パンパンとねかいて、ほんでそこに鬼瓦作ってね。足でね、ずっと回って、あのずっと回って、あの順番にずっと来て、そいで東京に出ただね。

東京に出て、そいから東京からちいと汽車に乗って、そいで、今思うと、清水の辺りで降りただらあと思うだね。清水で降りると、その、瓦屋さんがたくさんあったもんだん。そやまた、「作っておくなはれ」ってね。ほんで作ってやると、ほうすっと、「こや、上手いこと作るなあ、お前さん。お前さんの細工はほんとに、ぁか抜けしとるね。ちいとおらあで腰をすえてやってくれんかい」って。「ほや、やってもいいよ」って。ほんで一週間なり、二週間なりやって、そんで、まあ、暇もらって。はよ家へ、旭村に帰らにゃいかんもんだん。お祖父さんもついとるもんだんね。

こうして清水では三カ月くらいいたという。かつて豊作が東京に用事があって車で走って行く時に、たまたま用蔵を乗せていて、清水の辺りを通ったときに、「この辺りでわしゃ仕事したことがあるがや。あんなことなっただ。あの山の下んとこに、瓦屋が三軒ぐらいあって、おら、あそこで仕事したことあるがや」と言っていたという。

このバンクモノの習慣は第二次大戦後もしばらく残っていた。鬼福の二代目、鈴木菊一は戦後間もない頃、自分が働く鬼板屋、鬼福で、バンクモノを実際に見ている。つまり、他の地方から逆に鬼福のある新川（愛知県碧南市）へ旅職人が来たのだ。

わしら、ここへ（鬼福）来て、終戦二年目か三年目の頃にね、旅職人がやってきたですよ。その、ここへ、ひょいっと来て。お祖父さん（鈴木福松）がおって。お祖父さんがここへ。「変な人、来たよ」。「変な人じゃない。旅職人でしょ」って。「何か言ってるよ」って。

さかんに、芝居やるようにして、どこそこの親方で、どっからどういうふうに来まして。今晩一晩の、あれを、たのむ、やって下さいってって。頭下げておる。えんばらに、ちゃんと頭下げとる。

旅職人が、突然、鬼福を訪れ、仁義を切ったのであった。そのことを菊一は話しているのである。

お祖父さん弱っちゃったねー。「こりゃ」って。「どうすんだ」。「いい、いい、俺が、まあ、やってやる」って。ほいでお祖父さんは一応の飯を出してやって。「今晩はこれで」。「家族もおることだから」、ということで。で、路銭《みちせん》をあげて。そうして、どの方面へ行くと、どういう宿があるから行って下さいよって。そいで、はっきりと、その人は振り分け荷物を持って、法被《はっぴ》を着て。これから出るかと思ったら出ないの。

「若い衆（菊一）、裏口ないかね」って。私は若い衆になって、「若い衆、裏口ないかね」って。「ええっ」て。「裏口から出して下さい」と。ほいで、この裏にとまる。こっちからさっと出て、「親方に御無礼を言いました」って。さっと出て行くという。まだ終戦四、五年目にはそういう旅職人があったと。

この突然の旅職人はけっして当てずっぽうで鬼福へ来たのではない。鬼福の初代である鈴木福松が大正時代にバンクモノとして信州や静岡のほうへ渡り歩いていたのである。その福松が鬼福という鬼板屋を始めたという噂が他の旅職人に伝わっていたことを物語っている。三代目の鈴木博が福松のバンクモノ時代の名残りを物語っている（図22）。

これ余談なんですけど、博打が好きだったでね。あと、相撲が好きだったりとかで、今ほど娯楽がない時代で

図22　鈴木福松（初代鬼福）

すので、仕方ないかも知れんけど、やっぱり、博打好きというのは昔の職人さんにある意味全部とはいわないけど共通する面があるんですね。

いわゆる、そこらの日本全国渡り歩いてでも、やっぱりそういう遊び仲間ができちゃうというのかね。あの、博打を打ってれば、どこの者だろうと、そういうことは関係なしに共通の遊び場がありますのでね。

以上のような話から「バンクモノ」と呼ばれる旅職人が日本各地へ三州から出稼ぎに行っていたことがわかる。そして出稼ぎは同時に修業の場でもあり、各地にある瓦屋で働きながら技を磨いていき、土地の鬼板師や他の渡り職人たちと技を競い合っていたことになる。また、バンクモノたちはそれぞれが渡り歩く縄張りをもっていたらしく、鬼板師の技が双方向で互いに伝わっていた可能性が高い。三州の古い鬼板屋の初代はすべてバンクモノであったことからして、旅職人としての鬼板師が鬼板師としての原型であり、古い形であることが見えてくる。逆に言えば、梶川務がいみじくも言っているように、昔は一年を通して仕事がなく、手に技術をもつ鬼板師は仕事を求めて渡り歩いていたことになる。現代のような鬼板屋として一家を構え、一年中、定住して鬼を作る形は三州においては明治時代に入って始まったといえよう。またそれゆえに、バンクモノだったのである。その日、その日の泊まる所を常に考えながら旅する職人、晩のことが苦になる職人が、三州の古い鬼板師の姿だったのである。

●――鬼板屋の誕生

明治時代になり、民間に瓦屋根が本格的に普及し始めた。桟瓦葺きの屋根が日本各地の都市部からやがて地方へと広がっていった。江戸時代から瓦の主要な産地であった三州は明治時代に入って瓦産業に弾みがつくことになる。やがてバンクモノの中でも経営的な才覚のある職人が三州の地に戻り、バンクモノから鬼板屋を興し、定住して鬼瓦を専門に作り始めたのである。当時鬼板屋がすでに独立して営業できるほど三州では鬼瓦の需要があったことになる。三州の各鬼板屋を調査しながら疑問に思っていたのが、「なぜ、三州の鬼板屋は明治から興ったのか」であった。鬼板屋の系図が明治止まりなのである。鬼板師は明らかに江戸時代を通じて活躍していたし、もっと古い時代にも鬼瓦を作っていた。しかし、「鬼板屋」という鬼瓦屋は明治生まれなのである。その答えはパズルを解くようなものであった。西村半兵衛による延宝二年（一六七四）の「桟瓦の発明」が一つのヒントであり、徳川吉宗の享保五年（一七二〇）に出された「民家への瓦葺き奨励」がもう一つのヒントである。そして明治維新（一八六八）になって、士農工商が解体され、社会の動きが活発化し経済が成長するにつれて、瓦葺きが急速に庶民の家に広まっていったのである。この時になって初めて鬼板屋が生まれる環境が整うことになる。

当時のバンクモノたちの中で三州へ戻ってきて鬼板屋を興したものが三人いる。いわゆる現在まで続く三州鬼板屋群の元祖である。ただ、三人といったが、鬼板の技術からいうと二グループになる。二グループの一つが山本吉兵衛である。明治七年ごろ、高浜で鬼板屋を始めたといわれている。現在高浜市青木町にある山本吉兵衛の碑は明治四三年一二月建立となっており、一五人の弟子の名が刻まれている。現在、山本吉兵衛を元祖とする鬼板屋は三派に分かれる。第一群が山本吉兵衛の直弟子、石川福太郎の流れを汲む鬼板屋である。神仲、三州製鬼、カネコ鬼瓦、岡成製鬼の四社が該当する。第二群が山本吉兵衛の直弟子、長坂末吉を祖とする鬼板屋である。鬼末、福井製陶、鬼良、の三社がこの流れを汲む。第三群を形成するのが、山本吉兵衛の直弟子、梶川百太郎を祖とする鬼板屋で、鬼百、鬼亮、そして梶川務の梶川一族である。それに伊藤鬼瓦が加わる。

山本吉兵衛は「⿵人吉」（やまきち）という屋号で鬼瓦を作っていた。この「やまきち」が三州初の鬼板屋ということになる。いかに新しかったかがその屋号からもわかる。「⿵人吉」という屋号の命名の仕方「山（本）＋吉（兵衛）」は吉兵衛の弟子たちが独立し始めた頃からは使われていない。屋号の頭に「鬼」を付け、鬼板屋の親方の名前のはじめの一文字を付けて屋号としている。鬼板屋の誕生である。ところが「やまきち」は吉兵衛一代で途絶えている。山本吉兵衛直系の鬼板屋は存在しない。ただ、山本吉兵衛の血を継ぐ鬼板屋は存在する。それが第三群の梶川一族である。山本吉兵衛の直弟子であった梶川百太郎は吉兵衛の娘「おたけさん」と結ばれ、独立して「鬼百」（鬼＋百（太郎））を始めたのである。それゆえ、最も色濃く山本吉兵衛の流れを継いでいるのは梶川一族といえよう。この山本吉兵衛の例を見てもいかに鬼板屋が明治時代に新しく興り、急速に拡大していったかがわかると思う。バンクモノの時代から鬼板屋の時代へ移ったことになる。

もう一つのグループが岩月仙太郎・神谷春義を元祖とする鬼板屋群である。二人の鬼板師が元祖になっているが、鬼板の技術の系統としては一つであり、「岩月仙太郎系」といえる。じつは岩月仙太郎と神谷春義は二人ともバンクモノであり、しかも叔父と甥の関係であった。神谷春義は仙太郎の姉の息子であった。その甥がバンクモノの仙太郎を追って鬼板師になるため、遠州に

図23　オニゲン工場 鬼源の全景（甍の波）　左下：粘土の山と職人たち

いた叔父に弟子入りしたのである。ところが、春義は師の仙太郎よりも先に高浜に戻り、鬼板屋「鬼源」を始めたのである（図23）。その数年後、明治四五年（一九一二）に仙太郎も高浜に帰り、「鬼仙」という別の鬼板屋を立ち上げている。これが原因で、第二グループは師と弟子が入れ替わって弟子の鬼板屋が先に高浜で始まったせいで、二人の元祖の名前を挙げているのである。ただ繰り返しになるが、鬼板師の流れからいうと「鬼仙系」となる。おそらく仙太郎はバンクモノの時代がとても長く、鬼板屋への切り替えがすぐにできなかったものと思われる。「鬼源」の流れからは上鬼栄工業、鬼長、サマヨシ製鬼所、鬼明、鬼富、鬼弥、シノダ鬼瓦がグループを構成している。「鬼仙」からは石英と鬼作が出ている。ところが大本の鬼仙が現在は二つに分かれ、鬼仙自体が無くなり、岩月鬼瓦と三州鬼仙になっている。バンクモノが鬼板屋を始め、鬼板屋の親方となり、明治という時代の中で社会の変化に対応して新しいシステムを構築していったのである。

三　鬼板師万華鏡

◉──鬼板師になる──小僧

バンクモノの時代から鬼板屋の時代に移り、大きく鬼板師の世界が変わった。バンクモノの時代は各地の瓦屋を渡り歩きながら鬼板師になっていった。文字通り世渡りをしながら「鬼板師になる」ために修業したのである。他流試合が基本であり、日々真剣勝負であった。鬼板師の使う刀は一尺（約30㎝）余りの短刀、すなわち「へら」である。へらの切れ味の鋭さ、扱いの巧みさを競ったことになる。へらの技が鬼板師の生命《いのち》である。この真剣勝負の世界ゆえに、鬼板師というバンクモノには「博打《ばくち》」と「酒」と「女」が付き物だった。張り詰めた緊張感ないしは精神集中を行なった後に来る反動や弛緩といった、精神力の波の振幅が激しい世界ゆえの副次的な現象である。もちろん個人差はかなりの幅があると思うのだが、そういった一般的な傾向があるのは否定できない。鬼板師たちの話の端々からもそれは十分にうかがえる。

ところが明治時代に鬼板師がバンクモノから鬼板屋へと形態を移すという大きな変化が鬼瓦の製造の現場で起きた。移動から定住へと空間の変化が起きたのである。この変化は法令でもって制度が変わったわけではなく、社会の変化に対応した現場での変化である。バンクモノがいきなりすべて鬼板屋になったわけではない。山本吉兵衛がバンクモノから鬼板屋「㊅」（やまきち）になったのは明治七年（一八七四）といわれ、神谷春義が「鬼源」を始めたのは明治四二、三年頃である。この両者の時間差がバンクモノから鬼板屋へのおおよその移行期間といえよう。ただバンクモノは

図24　鬼板屋の原風景：多数の小僧をかかえる鬼百工場
（左端：伊藤用蔵、中央奥：梶川百太郎）

第二次大戦後もしばらくは続いている。しかし、三州はこの移行期を通して大勢は鬼板屋時代へ入ったといえよう。

鬼板屋時代になり大きく様変わりしたのが、「鬼板師になる」ことであった。バンクモノをせずにいかに鬼板師になるのか。人々は鬼板屋へ「小僧」として奉公するようになった。昔は小学校を卒業してすぐに鬼板屋の門を敲《たた》いたのである。年齢にして一〇歳から一二、三歳の頃であった。

伊藤用蔵は「伊藤鬼瓦」の初代である。明治一四年生まれであり、梶川百太郎の鬼百へ十代の頃小僧として入っている（図24）。明治三九年までは尋常小学校四年までが義務教育だったので一〇歳の頃の可能性が高い。しかしはっきりはしていない。五年ほどいたという。二〇歳の頃バンクモノとして旅をしている。このように小僧として鬼板屋で基礎を覚え、旅職人をしてさらに修業するという、いわば過渡期的なやり方があることがわかる。しかし、ずっとバンクモノのままではなく、瓦屋回りの旅を終えると高浜の鬼板屋で職人として働いた。最も長く勤めたところが鬼忠鬼瓦店であった。およそ一五年いたという。伊藤鬼瓦として豊橋で独立したのは昭和六年のことであった。

鬼板屋「神仲」の初代神谷仲次郎は山本吉兵衛の職人であった石川福太郎の「鬼福」へ小学校四年生を終えると小僧として入っている。現代からすると信じがたい年齢であるが、ただ仲次郎の場合は仲次郎の姉が石川福太郎の元へ嫁いでおり、弟の仲次郎が鬼福で修業した形になっている。そして大正六年（一九一七）または八年に独立して「鬼仲」を興している。

梶川賢一もやはり小僧になっている。鬼百の二代目である。鬼百では初代百太郎が明治四二年に亡くなってしまい、賢一はその時、まだ八歳であった。結果、鬼百は一時、百太郎の死をもって途絶えることになる。ところが、鬼百の道具・機械一式、さらには職人までもが、取引先でもあった鬼福窯業へ移った。そして、おそらく、賢一は尋常小学校六年（明治四〇年に義務教育が六年になる）を卒業すると、鬼福窯業へ小僧として入ったのである。賢一の息子の梶川務は、「遅くとも十代の初めの頃ではなかったか」という。「むこうの鬼福窯業のお祖父さんが、その、賢一を俺んとこで、ほいじゃ、預かるという形で、親父は鬼福窯業へ行く」と語っている。賢一の場合は、父、百太郎のもとにいた職人たちから鬼板師の技術を受け継いだことになる。それゆえ、鬼百の技術的な途切れはない。二十代になると賢一は鬼百を再興している。賢一の場合も、もと鬼百の職人であった用蔵と同様にバンクモノを独立してから行ない、修業している。用蔵との違いは、賢一は鬼百という鬼板屋をもちながら、仕事と修業を兼ねてバンクモノを続けていることである。

「鬼作」の初代杉浦作次郎もやはり小僧に出ている。作次郎は明治二九年生まれなので、尋常小学校を四年で卒業しているはずである。ところが作次郎はまず西尾にあった呉服屋に小僧として入り、しばらくして性に合わないからと逃げ出している。その作次郎を預かったのが初代鬼仙の

図25　杉浦作次郎（初代鬼作）

岩月仙太郎であった。じつは作次郎の母の妹が仙太郎に嫁いでおり、結果、叔父のもとへ小僧として入った形になっている。作次郎の息子である二代目杉浦博男は親方である仙太郎が「作は、あいつは頭もええし、腕もええで、あいつは一人前の立派な職人になるぞ」と言っているのを他人《ひと》から聞いたことがあると話していた（図25）。

サマヨシ製鬼所を興した杉浦佐馬義は大正二年生まれである。佐馬義の場合、直接本人から運よく聞くことができたので、小僧とはどういったものなのかが、より具体的にわかる貴重な話である。

> 特にこの三河の高浜村では、土器、土管、そういったの、まあ、あの、瓦ですね。瓦には当然、役瓦があり、鬼瓦があるんでね。まず鬼瓦がよかろうということで、あの、私たちが小学校卒業する頃には、たいてい、鬼瓦屋の小僧になるのが……。当時まだまだ鬼瓦が、あの、まあ、その時代としては比較的要求されておったらしかったんでね。それで、まあ、我も我もってことで。
>
> あの、まあ、これは四年間ぐらい修業せんと一人前の職人になれなかったもんでね。まあ、四年間奉公することで、皆さんがここに来て鬼瓦屋に。中には大工になった人もおる。左官になった人もある。で、鍛冶屋になった人もありますよ。

このように高浜では、この地方独特の職業として鬼瓦を作ることが、人気の高い仕事として存

図26　杉浦佐馬義
（初代サマヨシ製鬼所）

在したことがわかる。佐馬義は高等小学校を卒業すると、すぐに鬼板屋へ小僧として入り仕事に就くのである。この時行った先が上鬼栄であった。昭和二、三年の頃である。大正末期頃、鬼源から独立して間もない神谷栄吉の上鬼栄へ佐馬義は来たのだ。順調に行けば佐馬義は上鬼栄で鬼板師になったはずであった。しかし、家庭の事情で、続けることができずに一年半ほどで小僧をやめている（図26）。

明治から大正にかけて三州では鬼板屋が定着し、鬼瓦を作る職人になるために小学校を卒業すると多くの人が鬼板屋で小僧として働き始めたのである。四年間まかない付きで鬼板屋で働き、年《ねん》が明けると職人となっていったことになる。

この小僧として鬼板屋に入って修業する仕組みは時代が下っても続いている。これが一般の人が鬼板師となる唯一の道になっていったのである。ただ時代が下るにしたがって、義務教育の期間が延長され（昭和二二年より新制中学）、それにともなって中学校卒業後、つまり一四、五歳頃、鬼板屋へ小僧として入るようになっている。その例が後に福井製陶所を興した福井謙一である。謙一の場合、中学校を卒業して、しばらく家業の瓦作りをしていた。ところが一八歳のとき（一九五四）父の福井眞二から「土仕事やるなら鬼板ならっときゃあ、何でもやれる」といわれ、小僧として鬼板屋へ行っている。入った鬼板屋は当時、鬼板屋として屋号を挙げていない「福みっつぁん」と呼んでいた、父親の眞二が白地を納めていた山本福光という鬼瓦屋であった。謙一は通いながら「福光」で三年と少しの期間、小僧として働き、年が明けて職人になっている。謙一の場合は佐馬義の場合と違い、小僧からいかに職人になったかを体験談として語ってくれた。直接付いて習った事実上の師匠は石川類似であったという。当時はすべて手作りで、主にはじめは石膏から起こして作っていたようである。賢一が最初に作ったのは「めがね」であった。この「めがね」は別名「すはま」(洲浜鬼瓦の略称)とも呼ばれていたといい、次のように説明している。

俺はその鬼から習ったような気がするけんね。「すはま」の次は、「ごまた」……「五寸跨ぎ」ってやつだけん。ほれから順番にだんだん大きくなってくんだけど。親方が、「今度はこれやってみよ」って。石膏型もってきて、「これやってみよ」ってやるだけんね。石膏抜いて、へらをかけてね。ほいで教えてもらう人に仕上げたやつを見てもらって、ほいで、許しが出やあ、ほいでいいだ。「ここがいかん」なら、ここがいかんで直すだけで。

師匠の石川類似からは次のように言われたという。

まあ、基礎ができればね、今度大きい鬼になってきても、あのー、一緒だで、最初が肝心だで、しっかり覚えないかん。

この覚えるのは何かというと「へらの入れ方」だという。師匠の謙一に対する言葉は「最初から厳しかったね」と言っている。何でも作れる腕のいい職人さんであったといい、原型も作っていたという。そして小僧から職人になってからのことを語ってくれた。

まあ、やっぱり、年《ねん》が明けてからの勉強ですよ。全部が全部作れる、作ってから年が明けるじゃないもんね。ある程度のところまでいって、後は、まあ、そういうへらの使いとかなんか教えてもらやあ、あとは、まあ、

図27　石膏型に粘土をつめる福井謙一（福井製陶所）

自分でねー。年明けてから、自分で勘考して作る。作るだわね。

そして年が明けると、それまで小僧のときは、当時小遣いとして月七千円もらっていた者が、一個いくらの出来高制に移るのだという。つまり、腕のいい職人と腕のよくない職人とではかなりの差がつくことになる。謙一はよい職人の定義を簡潔にこう言う。「早くて綺麗」。じつに明解である（図27）。

◉鬼板師になる――世襲

鬼板屋の仕組みがひとたび完成され軌道に乗ってくると、「鬼板師になる」ためのもう一つの道が鬼板屋内部にできることになった。小僧として鬼板屋に入り修業する道は外部からの道である。つまり部外者（一般の者）が鬼板師になる手段である。しかし、それとは別に鬼板屋内部から鬼板師になる者が現れてきた。事実、元祖といわれる山本吉兵衛の舎(やまきち)、神谷春義の「鬼源」、岩月仙太郎の「鬼仙」はバンクモノから始まっているが、他の大半の鬼板屋はこれら元祖が始めた鬼板屋の職人たちの幾人かが独立して、新たに鬼板屋を興して、三州に鬼板屋の仕組みが広まっている。それ故、「バンクモノ」の次にくるのは「小僧」である。小僧たちが職人へと成長したのである。ところがひとたびそうした職人が独立して新しい鬼板屋の親方になると、元祖と同様にそうした鬼板屋は外から他人《ひと》を小僧として受け入れ、職人へと育てていったのであるが、一方で鬼板屋の親方は基本的に自分自身の子に自分の鬼板屋を継がせていったり、分家させたりしたのであった。ここにちょうど歌舞伎の家元制度のようなものが鬼板屋に

図28　神谷勝義（二代目鬼源）

起こることになる。小僧が基本的に四年間で職人として成長していく道とは全く異なる事態が生じたのである。つまり鬼板屋の子として生まれると、生まれたその場がそのまま「鬼板屋」なのである。はじめから鬼板屋の戸の内で生活することになる。子供の早期教育ということがいわれるが、鬼板屋のこうした状況は超早期教育の場となっている。歌舞伎の世界と似た状況が生じていることになる。

　三州鬼瓦の元祖の一つ「鬼源」の三代目神谷博基は、二代目勝義について話してくれた。

> 親父（勝義）が習ったとき、あのー、何ていっとったかなあ。うーん。「親子は仇《かたき》」のようなことをいっとったけど。そういう意味のことをお祖父さん（春義）がよう言いよったってことを、よう言っとりましたね。
>
> 先代（春義）はね、親父が話したけど、無茶苦茶で、作るもんは気に入らないと足で踏んづけちゃう。あの、封建的なじいさんだったそうですよ。それで、うちの親父がそれで作っているでしょ。それで出来が悪いと黙って踏んでっちゃうそうです。キュキュキュって。
>
> それで、反省してまたやり直す。それで、あまりうちの先代が褒める、褒めるってことをしなかったそうです。とにかく気に入らんもんはすべて踏んづけて黙ってサッサと引き上げるという、そういうやり方で親父は勉強してきた（図28）。

　職人に対してはこうしたことはしなかったと博基は言っている。自分の子には春義は常日頃言っていた言葉通り、「鬼」のように接していたのである。この春義の行動の背後にある意図はやはり世襲をさせるという強い意志、配慮であろう。
三代目の博基は自分自身の「鬼板師になる」道程《みち》について語っている。父勝義の話は伝聞であるが、博基自身の話は実体験である。さて博基は中学校を卒業して刈谷高校の定時制へ行っている。このあたりの経緯が鬼板師の世界と関係してくる。

高校はね、親（勝義）が「行っちゃいかん」て言ったもんで。「鬼板作るには全然高校必要ない」ということで、親父が。

このように勝義も「鬼」であった父春義を踏襲しているのがわかる。

中学で僕はそんな勉強嫌いな方じゃなくて、好きでしたけど。親父が「そんな行かんでもいい」ということで。たまたま受け持ちの先生が「どうするのか」「どこへ行くのか」ってことを言われたんだけど、「すみません」って言って、はっきり言いまして。しかし、考えてみたら、今からの時代は高校教育最低でも（笑い）。嫁さんの来手もないし（笑い）。

博基は父勝義の強い意向を受けて、定時制の高校へ通いながら、実質、中卒で鬼源に入り、「鬼板師になる」ために修業を始めたのである。ただ、中学校を卒業していきなり鬼板の仕事を開始したわけではなく、博基は小学校の頃から手伝いをしながら鬼瓦の仕事を身に付けていっていた。それ故、中学校を出てすぐに鬼板師になることは博基にとってはむしろ自然な成り行きであった。父勝義は博基を巧みに鬼板師の世界へ導いてきたにもかかわらず、実際に博基を指導するということはあまりなかったらしい。博基は直接には当時鬼源にいた職人、深谷定男から習っている。
一方、手で作ることは深谷からはあまり習わなかったといい、逆に深谷の作っているのを見て覚えたという。深谷定男は当時、別棟を使って仕事をしており、博基は深谷と並んで仕事をすることはなかったという。深谷はたまに博基が仕事をしていた棟に来て、博基の作る鬼に対して、「ここはいいじゃないか」とか、「あっこは悪いじゃないか」と注意をしていたのが実態らしい。確かに博基は「深谷から鬼を習った」と言っているが、博基と同じ棟で並んで仕事をしていたのは父勝義であった。ただ勝義は窯の方を主体にし、そちらに追われることが多かったという。そうはいっても、並んで仕事をする意義は大きく、勝義から有形無形の影響は多分に受け継いでいるものと思われる（図29）。

図29　神谷博基
（三代目鬼源）

鬼板屋「鬼作」の二代目は杉浦博男である。博男が鬼板師を始めたのは第二次大戦後であった。二代目で戦争が間に入った人は意外に多かった。博男は旧制中学五年生の時に志願の要請があり海軍に入っている。目が悪かったので、衛生兵になり、広島の衛生学校専修科にいた時、原爆が落ち、「原爆を見た」と言っている。しかし博男は昭和二〇年（一九四五）九月一日ごろ無事高浜に帰っている。生きるためにしばらく闇屋をしていたという。しかし、問屋の再三の要請で昭和二二年ごろ、「鬼作」を再開している。それが博男の鬼板師の始まりである。

はじめはね、「こうやってやるだあ、やってやるだ」てってねえ、ひとつ、シャーシャーってやってくれるだけのことでね。ほいで、あとは見よう見まねでねえ。

図30　杉浦博男
（二代目鬼作）

ほいで、一緒に働いとる人間がねぇ、自分が、とにかく先輩、一人前の人らがそういう人らのやるやつを、チラッ、チラッ、と横で見ながら、ほいでやってぇー、ほいで、そうしてもわからんとこは、「おとっつぁーん、ここがどうしてもできやぁへんけど、どうしてやるだい」てって言うと来て、「うん、ここかぁ、ここはなあ、こんなことやっとっちゃーあかんぞぉー。ここはこうしてやるだあ、ああしてやるだあ」てチョッ、チョッと直いてくれるだけ。

昔はくどいこと言わんだったねぇ。ほんとにくどいこと言わん。職人でも、ほうだもんねぇ。とにかくねぇ、「人の技を盗め」だもん（図30）。

博男は「人の技を盗む」逸話を教えてくれた。

高浜ってとこはねぇ、「あそこのねぇ、あそこのお宮にねぇ、ええ鬼ができたげなあ。あそこの家はものすごい」。学校やなんかでもねぇ、「菊水のものすごいええ物ができた」てって言うとねぇー。夜の夜中にねぇ、職人がコソコソッと行ってねぇ、肝心なねぇ、菊水の葉っぱだとかねぇ、波やなんかをねぇ、チョンとこうやってわかんないように削って持ってっちゃう。ほうして、これはどうして作ったただなあ。あの職人はどうやって作りよったかなあ。ほんで、あんた、あのー、見て……。

もう一つの「人の技を盗む」逸話を紹介しよう。もちろん博男からである。

京都や何かに行くってえとねぇ。職人さん、頭なんて、こうやっとる（上を見る）。三〇分も一時間もこうやっとる。ハーッて、こうやってねえ。ハーッて、あっち覗いてこっち覗いて、ほいでどういう形に雲は作ってあるのか、あー、あそこからああいうふうに流れてきて、ああだねえ、吹き雲を吹くように。あっ、吹き雲をああいうふうに流いて、あそこから、あそこの口から、波をああいうふうにして、雲の上を、あのー、被せるようにして作ってあるがなあ。ハーッて下から見るってぇと、なるほど、ここの雲のところへ、岩のところへちゃんと波が被さってくるように作ってある。

ほういうのをねえ、上回って、裏のほうへ回ったり、下のほうへ。ほんだで普通の人間が見ると、あやあどういう人間かしらんと思うわなあ。本人は一生懸命でやっとる。ほいで気に入るとねえ、ほやあ、あそこのお寺へまた一回行きたい。もう一回、お寺へ行きたいじゃねえだ。「鬼」を見に行きたいだあ。

やはり二代目である「鬼栄」の神谷治之の場合をみてみよう。治之は刈谷高校定時制へ行っている。つまり中学を卒業するとすぐに鬼栄へ入ったことになる。昭和二七年（一九五二）のことで治之は一六歳であった。治之はすでに小さい頃から後を継ぐことを意識していたようである。小さい時から周りからそれとなく仕向けられており、また、いつもいつも働いている父の姿を見ていたからでもあろう。治之は鬼栄へ入ったことについて次のように言っている。

やはり、今みたいにガス窯の時代じゃなかったから。土窯の時代で焚き物を入れて焼く物だったので、そういう手伝いもやり、それから粘土捏《こ》ねることから全部作業をやってきました。今は分業化して、配合粘土を買って、現在みなさん、そういう具合なんですけど。昔はみんな、粘土を土錬機という機械に入れまして、今みたいにブレンドしてある土じゃないもんで、いろんな粘土を取り寄せて、それを練り合わせて、それをやる。冬はまあ冷たいし、大変な仕事でしたけど。

そして気になるのは治之が鬼栄の誰に習ったかであるが、治之は次のように答えている。

いえ、別にねえ、これも自然と覚えていったんですよ。別に先生というのはなくて。大体皆さんそうだと思いますけど。親父やら、職人さんの仕事を盗みながら、目で見てやっていくというのが……（図31）。

図31　神谷治之
（二代目鬼栄）

◉——鬼板師になる——親方

ひとたび世襲による鬼板師の道が開けると鬼板師それ自体に変質が起こり始めた。バンクモノを通して「鬼板師になる」時代には鬼板師になることは即、職人になることを意味していた。いかにいい腕の職人になるかが勝負の分かれ道であり、それゆえにバンクモノたちは互いに各地の瓦屋で腕を競い鎬《しのぎ》を削ったのである。そしてその目標自体が生活そのものをも保証してくれたのであった。

ところがバンクモノのなかに経営的才覚のある者が現れ、三州において鬼板屋を開いたのである。それが元祖といわれる山本吉兵衛であり、神谷春義であり、岩月仙太郎であった。ここに至って「鬼板師になる」ことはそのまま職人になることを意味しなくなった。経営的才覚が必要とされることになり、「鬼板師になる」ことは「職人＋経営者」になることを意味するようになる。三州において鬼板屋が「小僧」の時代を通して広がり、さらに「世襲」によってその二代目が「鬼板師になる」道が開かれてからは、この傾向に拍車がかかるようになってきた。極端な話、鬼板屋になるために世襲を通じて「鬼板屋になる」ような道を踏むと、「職人」と「経営者」が分離を起こし始める。「鬼板師になる」ことは親方即経営者になることと

図32　神谷栄一（初代鬼栄）

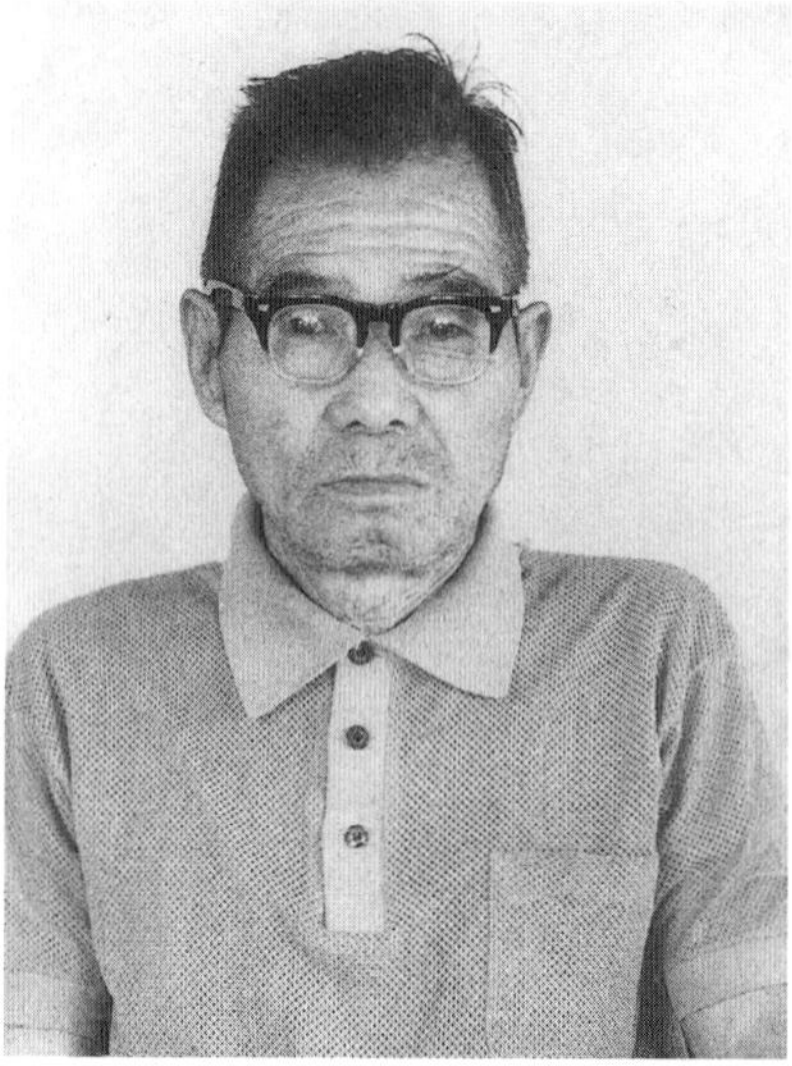

なり、「職人」の部分が名目だけになってしまうことさえ起きるようになっている。鬼板屋の経営者とは古くは「親方」であり、現代では「社長」ということになる。もちろん鬼板師は鬼瓦を作って初めて生活の糧が得られるので、鬼板屋においては誰かが鬼を生産しないといけない。結果、「鬼板師」自体の分離としての「職人」と「経営者」という構図が、鬼板屋のなかへ反映されていくことになる。鬼板屋に「親方」という経営者と「職人」という鬼の製作者といった仕事上の分離が起きるのである。それゆえに二代目は親方から直接鬼を習うよりも、職人から習うようになっていったわけである。

親方としての鬼板屋の形態をとった例として、鬼栄の初代栄一が挙げられる。神谷栄一は明治三一年（一八九八）の生まれで、昭和六一年（一九八六）に亡くなっている。大正四年（一九一五）山本鬼瓦から独立した兄、神谷金作の鬼金へ入っている。鬼金で修業して鬼栄を始めたのは栄一が二五歳の頃であった。そして、二代目の治之が鬼栄に入った昭和二七年（一九五二）の頃には本当にできる職人が一〇人くらいいたという。すると親方はどういったことになっていくのかを治之は次のように語っている（図32）。

われわれのころは（治之が栄一と仕事をしていた頃）ほとんど工場に入っておったのは少ないだ。その頃は、窯と粘土を作る。あの、土錬機をかけて粘土やるですよね。これをやるのが一生懸命で、それが仕事だった。窯と。ほいで、昔は薪《まき》でしょう。薪を、船、この川に、だいたい船が着くと、それを車で、リヤカーで運んで、ほいでやったわけです。そういう仕事が、目に見えん仕事が……。そういうことをやって、親父も私も、ほいから荷を出すには駅は北新川っていう駅やけども、昔みたい、今みたい、アスファルトではなく、地道で、えらい坂を上がっていって駅へ出す。そういう仕事が。

もう、工場へ入ってやっとる（暇がない）……。どこの親方でもそうじゃなかったかなと思います。うん。今は、まあ、窯も楽《らく》んなったし、自由があるもんで、工場へ入れる。また、入らな回ってかんもんで、やるだけど。

今とは違って、昔は作る人がいっくらでもあった訳ですわ。作る職人さんがね。ほいで、職人さんも、盆、正月やなんかに、よう、移動があったわけ。引き抜きで。金《かね》の。

このように、職人が現在のように少なくなってきた時代とは違い、昔は供給過剰のような状態で、有能な職人が三州全体にプールされており、わりと自由に違う鬼板屋へ移っていたことになる。それゆえ、鬼板屋の流儀や技術はこういった職人を通して他の鬼板屋へ伝播していったといえよう。そしてそのことが三州全体における鬼板作りの技術のレベルを押し上げていたのである。ただ具体的な職人の名は通常は各鬼板屋で語り伝えられるのみであり、出来上がった鬼瓦は各鬼板屋の製品として銘打たれ、屋根の上にあがり、その鬼瓦を作った職人の名は社会に残ることはほとんどないと言っても過言ではない。

治之は文字通り経営的なことも話してくれた。当時の状況がとてもよくわかる貴重な話である。

まあ、昔は、売り込みなんてあんまりせなかったもんね。向こうから来ておくれんっていうのが多かったもんね。うん、まあ、一年に一回ぐらいは行っとったけどね。集金に行くもんで。年に、盆、正月は集金に行くもんで。私も、この、まんだ学生、高校生ぐらいの頃は千葉まで集金行っとったもんね。東京へ。千葉。うん、夜行列車でね。行っとったんですよ。日帰りでね。夜行の日帰りで帰ってくる。うん、汽車ん中で寝て、朝着いて。

昔はね、給料も払わんだったなあと思うけんど。まあ、あの、盆、正月やなんかにお金を、まあ、渡しとったぐらいだ。

●――鬼板師になる――社長

明治時代にバンクモノから鬼板屋が生まれた大きな要因は、社会が変わり、以前より遥かに人の動きが流動的になって日本が大衆社会へと変貌を遂げていったからである。それと似たようなことが第二次大戦後に起きている。それまでの鬼瓦の運送手段は船か汽車であった。軌道は定まっている。つまり鬼瓦の販路が限られる。ところが、終戦後、しばらくして社会が落ち着きを取り戻すと、車が日本社会へ普及し始め、道路が整備されていった。多くの人がより流動的に社会を動くようになっていったのである。鬼板屋にとってはこの事態は新しい販路が開けることを意味する。さらに追い風のように建築ブームが続いていった。いわゆる昭和三〇年代から四〇年代にかけての高度成長時代が到来したのである。これに当然のことながら三州の鬼板屋は呼応していった。

さらに鬼板師自身に大きな変化が起こっていた。高学歴化である。それまでは中学校まででで鬼板師になるための修業に入っていた人々が、社会そのものの変化とともに、高校卒、または大学卒といった鬼板師としては必要以上の学校教育を積んで鬼板屋に入るようになったのである。明治時代の尋常小学校四年卒（一〇歳）で鬼板屋に小僧で入っていた時代がまるで冗談のように聞こえる世の中になっていた。こういった大変化は鬼板師そのものの質的変化となって現れている。

図33　加藤元彦
（二代目株式会社丸市）

かつて「鬼源」の神谷博基が父勝義から「鬼板作るには全然高校必要ない」と言われたことを考えると、隔世の感がある。こうした社会的変化を背景にして現れてきたのがこれから鬼板屋の親方になる子弟の「社長」化である。

　昭和三四年（一九五九）、丸市鬼瓦工場二代目の加藤元彦は愛知学院大学商学部を卒業している。そしてそのまま丸市に入っている。高学歴をもった人間が鬼板屋の門をくぐったおそらく最初のケースであったと思う。本来なら仕事場で鬼板師になるために最低でも四年はしっかりと修業するところである。ところが元彦は鬼板師がこれまでやったことのない行動をとるのである。それが販路拡張のための営業活動であった。それは元彦の父春一もしなかったことである。

僕がうちへ入るときに、あの、（職人が）四人ばっかしおったし、そういう人たちが作ってくれるから、その仕事の合間を見ちゃ、県外をずうーっと走り、そして、あの、お客をこう拾ってきたりね。あの、親父の代だとそれまでせんでも、結構商売になった。それでだんだんこう時代が変わってきたので、うちでじっとしてては駄目だ。で、僕が開拓してきた。それで、三重県、滋賀県、あちらの方はもう非常に売れました。

　このような外交活動は鬼板師はかつてしなかったことである。鬼板師は工場でへらを握り土ともっぱら取り組んできたのが本来の姿であり、親方でさえ、働いている職人たちをサポートする仕事の上での雑務を主にしていたのである。そうした環境において、元彦の販路の拡大という行動がいかに新規なものであったかが見えてくる。元彦はさらに社名をも変えている。昭和四〇年に「丸市鬼瓦工場」から「株式会社丸市」へと変更した。

鬼板屋が株式会社になったのである。もちろん、「親方」は「社長」である。ここにいたって、バンクモノは時代の変遷を経て、株式会社の社長へと変わったのである（図33）。

三代目山本鬼瓦の山本信彦は昭和四〇年（一九六五）に名古屋市立大学経済学部を卒業している。信彦の場合はいろいろ迷いながらも、一度はアイシン精機へ入社している。ところがその入社を取り消し、家業の鬼板屋を継いでいる。信彦は山本鬼瓦のもつ伝統を知人から知り、いったん決めたサラリーマンの道を捨て、鬼板屋、山本鬼瓦へ入った。信彦は二、三年仕事場で働いた後、販路拡張のために営業に出ている。信彦は家内工業的な鬼板屋からの脱皮を図ったのである。そのことは取りも直さず、「職人の道」から「社長の道」をとったことを意味している。

図34　山本信彦
（三代目山本鬼瓦株式会社）

やっぱり、販路という面がないと。僕らの頃はそんなの全然なかったですよ。その頃は、もう、一番すごいの、丸市さん。丸市さんは、今、もうやってないけどね。ものすごいたくさん、職人さん、販売力がね。販売力があるところを、いい仕事取ってこないと、職人さんにも影響が与えられないし、まして、そのね、その仕事自体がね、行き詰っちゃう。

信彦の描く鬼板屋の具体的な例が当時、信彦の目の前に展開されていたのである。それが加藤元彦の「株式会社丸市」であった。元彦はすでに十分な販売力と五、六人の職人を抱える規模の大きな鬼板屋へと発展させており、元彦がめざしていた株式会社松坂屋の鬼板屋版、「鬼屋の百貨店」と呼ばれていた。元彦は次のように言う。

「丸市行きゃあ、何でもある」って。まあ、在庫品がものすごかったです。もう、暇なときは何でも作らせて、職人に作らせとったからね。倉庫の中一杯入っとりましたでね。そんなのを言っているじゃないかな。

信彦は丸市の元彦をモデルにして、元彦の行かなかった土地へ足を伸ばしたのであった。信彦の長所はこういった営業上の配慮がまずあげられる。さらに販路拡張にともない、山本鬼瓦の技術改善と鬼板屋自体の拡充にも努めている。それが今日の山本鬼瓦を築き上げる重要な基礎となっている。信彦は株式会社丸市をモデルに地道な経営努力を続け、昭和五〇年つまり丸市の株式会社設立の一〇年後に、「山本鬼瓦工業株式会社」という会社設立に漕ぎ着けている。現在では従業員一一名を抱える大型の鬼板屋に成長している（図34）。

もう一社、例を挙げる。鬼仲から神仲へ変わった「神仲工場」である。三代目神谷晋《しん》は愛知大学法経学部経営学科二部を昭和四三年（一九六八）に卒業している。そして跡継ぎとして神仲に入っている。屋根工事施工、製造部と移りながら経営者としての道を歩んで今日（社長）に至っている。「神仲工場」は初代神谷仲次郎がつけた屋号である。この神仲も平成元年（一九八九）に「株式会社神仲」になり、晋が社長に就いたのは平成八年のことである。神仲をここに紹介したのには理由《わけ》がある。丸市と山本鬼瓦は販路拡大とともに、旧来の鬼板屋の規模、つまり職人を抱える鬼板屋の規模の拡大を図ってきた。見かけ上は株式会社に社名変更し、古式豊かな鬼板屋から近代的な会社になってはいるが、実態は旧来の鬼板屋の構造をそのまま保っている。ところが、神仲はもちろん販路の拡大は図ってきているが、さらにその構造自体の変質をも同時に行なっている鬼板屋である。つまり、鬼板師それ自体が従来のものから大幅に変質している。従来は鬼板師が鬼瓦を手作りで一つ一つ作っていた。ところが、需要の高まりに応じて石膏型が鬼板屋でも取り入れられ、生産体制の拡充がなされている。しかし、ここまではまだ基本的に鬼板師が手で「へら」を持ち鬼瓦を一つ一つ作ること自体は変わらなかった。実際すべての三州の鬼板屋では石膏型は取り入れられている。ところが神仲は鬼板屋の近代化として、石膏型のさらに次の段階として、「機械化」を始めたのであった。

機械化による大量生産はアメリカ合衆国が発祥の地である。ヘンリー・フォードによって二十世紀初頭に有名なT型自動車の大量生産方式が完成し、その方式がアメリカの他の産業にやがて取り入れられ、さらにはアメリカ社会全体を巻き込んでいき、ついには全世界へとそのシステムが広がっていったのである。別名フォーディズムといわれる。大量生産、大量消費、大量輸送のことである。効率化、省力化といってもいい。人の手をできるだけ省き、機械に置き換えていくやり方である。二十世紀初頭とは一九〇〇年代の初めであり、日本暦でいうと明治三〇年代後半のことである。アメリカがいかに機械化が早かったかがわかる。日本はまだ人力車の時代である。その機械化を取り入れた鬼板屋の一つが神仲である。もちろん、丸市も山本鬼瓦も近代化の流れである。販路の拡大は大量輸送、大量消費を意味する。神仲はそのうえに大量生産の近代化を加えたのである。すでに高浜では瓦生産の現場において昭和四〇年ごろにはトンネル窯という大量生産システムが全盛になっていた。ところが屋根には瓦とともに役瓦が必要である。それを作る鬼板屋はまだ昔ながらの伝統的な手作りだったのである。そこへ出てきたのが、鬼瓦用のプレス機械生産方式であった。神谷晋によると、高校の頃から二十歳を過ぎたころにかけて、陶器瓦が

図35　トンネル窯の中へ入る準備中の貨車と瓦（大でんちこ鬼瓦）

図36　全長64mのトンネル窯を出る焼成を終えた瞬間の瓦（大でんちこ鬼瓦）

盛んになってきたという。この陶器瓦を生産するシステムがトンネル窯であった（図35、36）。神仲での陶器瓦への対応の流れを晋が話してくれた。

陶器瓦というのはトンネル窯で焼成をするのが主だった。今、うちでは単窯でやっていますけど。単独炉でね。あの連続窯のトンネル窯で焼成をするんですけど、それが全盛になってきた。そうすると、おのずと鬼瓦も今まで通りでいると、そうするとわれわれ鬼屋っていうのは焼く前の素地の段階のものを出荷すると。素地出荷と。だから数も格段に増える。出荷個数も格段に増えると。そうすると手作りでは追いつかない。で、どうしたかというと、プレス成型。

要するによく出る種類のものから鋳物の金型をそろえて、それでプレス成型することによって、もう一〇倍も二〇倍もたくさんできるようになるわけですよね。手作り加工に比べてね。で、素地工場というのが今の神仲でいうこの工場なんです。鬼に関していうと素地で出荷するそういった時代が来たわけですよね。それが今でも続いています。いや、今はもう逆にその鬼屋が製品化（焼成）しちゃって出すという時代になっちゃったんですけど。その一つ前は鬼屋が素地にして素地の段階で瓦屋さんに買っていただくと。それがもう二〇年から二五年続いたんですよ（図37、38）。

図37　プレス成型中の山下久男（山下鬼瓦白地）

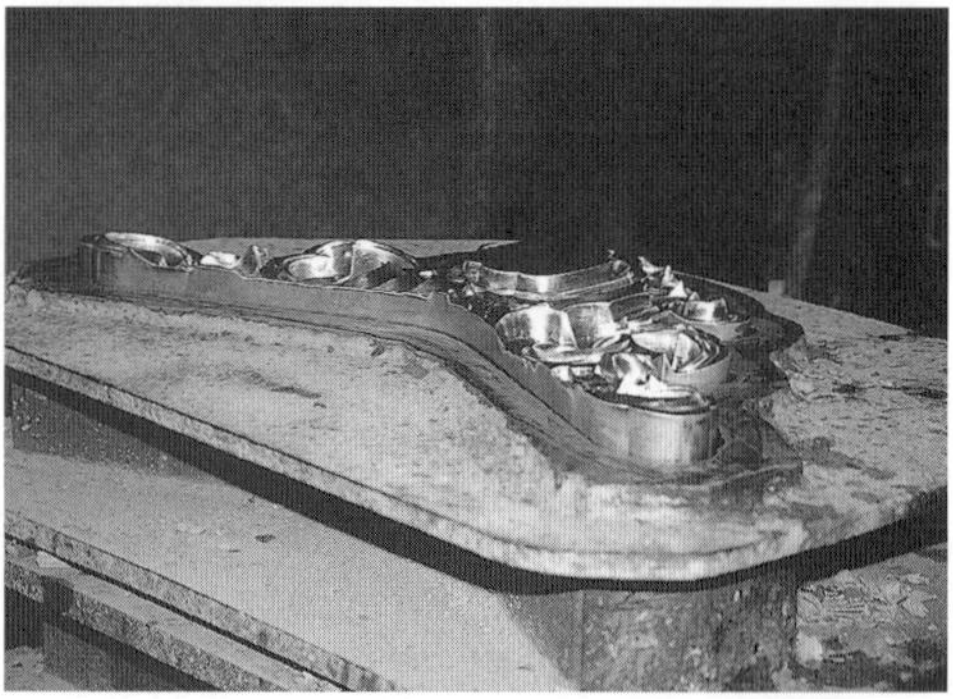

図38　プレス用の金型（山下鬼瓦白地）

図39　神谷晋（三代目神仲）

神谷晋はこういった変化を鬼の三段階の変化として捉え、「黒の鬼」の時代、「素地の鬼」の時代、「製品化した鬼」の時代と言っている。製品化した鬼とは「陶器の鬼瓦」を指す。つまり、手作りの鬼瓦が機械化によって金型でプレス加工され、白地《しらじ》（素地）として大量生産されるようになったのである。さらに現在では流行の平板瓦用の役瓦を特殊瓦として納めるようになっている。神谷晋は神仲の経営方針を次のように語る。

うちも何というのか、付加価値が多少低くっても、やっぱり出るものを作っていかにゃー、という方向でまあ流れに乗り遅れずにという方向でね。

神仲はもともと伝統的な手作りの鬼板屋であったが、三代目に至ると、プレス中心の鬼瓦の機械生産へ主力を移し、さらには伝統的な鬼瓦の形をもたない平板用の特殊瓦を生産する工場へと大きく変容している（図39）。

図40　梶川百太郎（初代鬼百）

◉――鬼板師になる――職人親方

社会の変化にともなって鬼板師も変化していった。高度成長時代の昭和四〇年（一九六五）前後から始まった鬼板屋の近代化がそれに当たる。大量生産、大量輸送への移行を新しい世代の鬼板師たちは販路の拡大をしながら図っていったのであった。それを実質支えたのは建築ブームという民間需要の拡大であった。大量消費が発生したのである。「量の近代化」が鬼板屋でも起こり、鬼板屋の株式会社化、鬼板師の社長化が続いた。ところが全く別の道を選択した鬼板屋も存在した。社会の変化に合わせて、鬼板屋の規模の拡大をめざさなかった鬼板屋である。従来通りの伝統的な鬼板屋を続けている。そこでは「鬼板師になる」ことはこれまでのように職人になることを意味する。ただし、一般の職人ではなく、独立した鬼板屋をもつ「職人親方」である。外見上は限りなく伝統的な鬼板屋なのである。しかし、中身が限りなく近代的なところに特色がある。外からただ見るだけではその違いはわからない。「量の近代化」に対して「質の近代化」と呼ぶことができるグループである。それが梶川一族である。山本吉兵衛直系の梶川百太郎に始まる鬼百系の鬼板屋である（図40）。

初代百太郎のときは、山本吉兵衛の山吉（𠆢吉）を鬼板屋のモデルにした、小僧をたくさん雇って鬼板屋を経営する方式であった（図24）。ところが、百太郎が三十代で亡くなり、鬼百は一時断絶する。この鬼百を再興したのが二代目の梶川賢一である。この賢一が鬼百に「質の近代化」を導入している。当時、鬼板師になるには小僧として鬼板屋に入り、職人となり、あとはひたすら仕事をしながら技を磨いていくだけであった。そうした伝統の中に賢一は近代西洋彫刻を取り入れたのである。すでに鬼板師として自信と実力を自負していた頃の賢一と彫刻家の出会いを、賢一の長男で三代目鬼百の守男の妻、初枝が、生々しい葛藤の様子として伝えている。

図41　梶川賢一（二代目鬼百）

その自分の作ったのが、あの、気にいっとるのに、あの人が、何ぼかいな、崩されちゃって。「こんなのダメだ」って、崩されちゃった。怒っていられたけどね。ほんでも反省してみえた。「ああ、そうか」って。あっ、三枝先生っていうだわ。ほいで、その人も、その先生が、「これがいいだよ」って、「こういうふうに作るだよ」って言って。

落ち着いて、幾月もなっていくと、もう、それが自分で分かるじゃないかね。あの先生の良さが。だけん、率直に言われると怒れるだね。自分はこんなに上手に作ったのに、何でね、そんなふうに悪い。自分の作ったもんが何でも良いと思ってみえたもんで、お父さん。ほんとの昔職人だね（図41）。

ここに登場するのが、日展作家の彫刻家、三枝惣太郎であり、その弟子、加藤潮光である。やはり偶然の出会いというより、

図42　獅子巴蓋を作る梶川務

賢一の鬼板師としての力量がこの二人の彫刻家と賢一との関係を築いたと見てよいであろう。何しろその当時はたくさんの鬼板師が三河にはいたのである。賢一が作った彫刻家との繋がりは次の世代へと引き継がれた。その先陣を切ったのが賢一の五男、梶川務であった。務は早い時機から彫刻家、加藤潮光と関係をもち始める。この関係が他の鬼板屋にはない特徴、つまり「質の近代化」を鬼百にもたらす。

一九、一九。鬼を始めるようになったらすぐだったように思う。一二、三で（今の）中学一年生の時からそんなこと（土器作り）、二、三年やっとって、一五、六で鬼屋ね。一五、六の頃だったかなあ。鬼を作り出して、二、三年経って、一八、九の頃だったのかなあ。加藤潮光氏が日展に入選してぃた頃だったで。で、行くようになって。「やっとくと良い」って言われて行くようになって、二、三年してからだと思うね。だから鬼を作るようになって四、五年なっとったのかねえ（図42）。

図43　完成した天理教の鬼瓦と並ぶ梶川務（左）と梶川守男（右）

この頃、務は天理教の大きな鬼瓦を完成しており、天理教からは「鬼百の鬼が一番良かった」と言われ、当時、病に伏していた父、賢一からは「務がおや、やっていけるわ」と言われている（図43）。そしてすぐ

図44　鬼百に近代彫刻をもたらした
加藤潮光（55歳頃）

に務は「これは加藤潮光氏のおかげだなと思った」と気づくのである。ここからも、務の鬼板師の技に何か本人自身が自覚できる質的な変化が起きていることが見える。務は彫刻と鬼の関係を次のように語っている。

あの加藤潮光氏が言ったんです。「お前なあ、鬼の図面引く、一本の線を引くのもなあ、勉強すると変わってくる」と言って。うん。「一本の線を引くのに変わってくるんだで勉強せよ」って。その、「彫刻家にならんでも、何でもええで、職人でええんだで、その、そういう勉強しとくと良い」って言われた（図44）そや、やってみてそう思ったな。自分で今描いたもんでも、はあ一年も経つと、ちょっとこいじゃ不味《まず》かったな。ああ、こっちのがええなあっていう。そういうふうに、その、分かるでね。やっぱり、ああいう勉強したほうがいい。

加藤潮光と務の関係はさらに弟の亮治へと広がっていった。現在の「鬼亮」こと梶川亮治である。務は仕事と彫刻とのあり方を話しながら、亮治が彫刻へと導かれたさまを話すのであった。

あれ（亮治）はね、もともと絵が好きだった。小さい頃から絵が好きでね。「彫刻は、やだ！」って言ったことがある。「俺は絵描《えか》き、絵をやるんだ」って言って。ほだけど、僕が彫刻やっていたから、だから、潮光氏のとこ行っとったから、「お前も、お前、絵もええけど、絵なんかいつでも描けるで、彫刻をこの若いうちにやらなあかんだ」って。で、一緒にやって。だから、「絵をやりたがった奴を無理矢理、彫刻をやらせたで」って、あれはよう怒りよったけどね（笑い）。

こういった経緯で亮治は加藤潮光のもとに出入りするようになった。その頃のことを亮治は語っている。

始めた時はね、首ばっか作るわけですよ。で、作っても壊されちゃうのね。今からいうと壊されちゃうんですけれど、面を先生作ってくれるわけですね。すると、面の上へまた表情つけて持ってくわけですね。と、こう、また元の木阿弥で。結果、空間のデッサンなんですね。

この奇妙な、粘土で作っては壊され、作っては壊されの作業について、潮光先生が亮治に次のようによく言ったという。

これは何をやっているかわからんと思うけれど、これは鬼瓦の基礎になるでなあ。

それを亮治は「空間のデッサン」と名付けている。結果、亮治も鬼板師の道と彫刻の道を同時に歩むことになった。そしてこの二つの世界がやがて共振を起こし始めることになる。亮治は次のように表現している。

彫刻をやりますと、今まで目に付かなかったところが目に付くようになりましてですね、考え方が一変するんですね。これは自分がやってみないとわからないことで、細かく説明というのはなかなか難しいんですけど。見る目が変わってくるんですね（図45、46、47）。

このように伝統的な鬼板の技術と近代西洋彫刻とが一体化した、いわば「東洋の美」と「西洋の美」の伝統のハイブリッドが梶川一族が作り上げた「質の近代化」であった。この伝統は実際に亮治にとどまらず、次の世代へと引き継がれている。しかし、ここでも「量の近代化」をおこなっ

図45　鬼面を製作中の梶川亮治

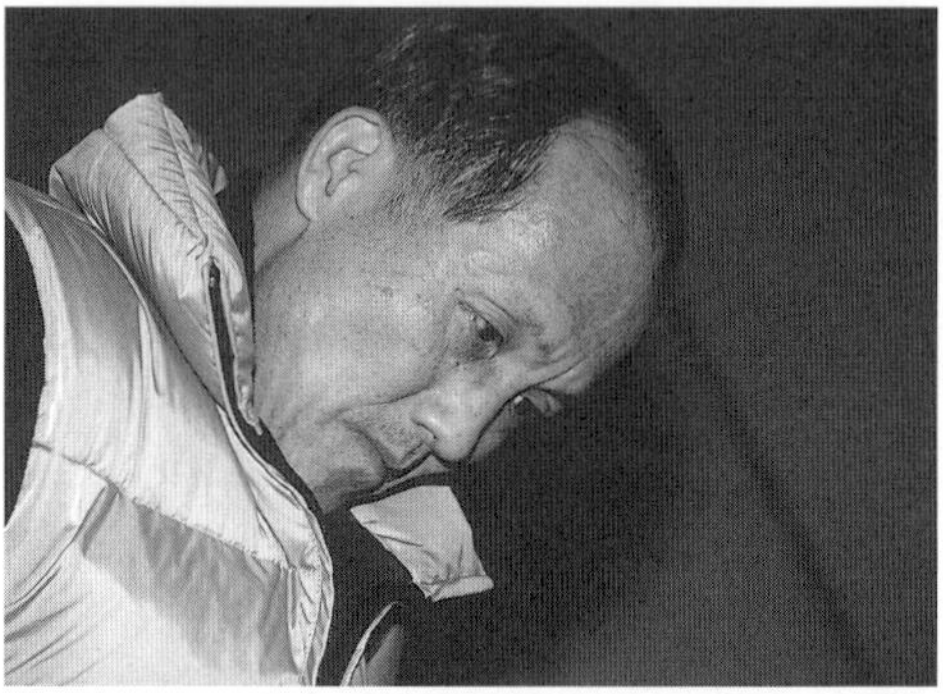

図46　鬼板師のまなざし（梶川亮治）

図47　鬼板師のへら捌《さば》き（梶川亮治）

たグループと似た現象が起きている。高学歴化である。ただ高学歴化そのものが西洋彫刻と直結しているところが特徴であるが。鬼百の四代目は梶川賢司である。賢司は碧南高校では美術クラブに入り絵画を始めている。さらに名古屋造形芸術短期大学の彫塑科を卒業している。昭和五一年（一九七六）のことである。賢司は叔父たち（務と亮治）から影響を受けた様子を語っている。

> 絵とか彫刻とかそういうのが、地元の有名な彫刻家の人（加藤潮光）がおって、叔父さんたちがちょっと習っておったし、それから絵なんかもササッとこう描けるみたいだったもんで、何かと、こう見てもらったとか。まあ、そういうのが影響しているんじゃないかと思いますけどね（図48）。

つまり、鬼板屋の中に鬼板師と西洋彫刻家が同居している環境が生まれたのだ。そうした特異な環境で賢司は育ったわけである。生まれながらのハイブリッドといえよう。例えて言うなら、普通の鬼板屋は「伝統的な鬼板師」という言語だけを話しているのに、鬼百では「西洋彫刻」というもう一つの言語も使う、生まれながらのバイリンガルなのである。もっと言うと一般の人々はそのうちのどれも知らない人たちということになる。

図48　梶川賢司（四代目鬼百）

同様に、鬼亮にも第二代鬼亮になる亮治の長男、梶川俊一郎がいる。俊一郎は名古屋美術大学美術学部彫刻科に入り、五年間彫刻を学んでおり、実際に仕事に就いたのは二四歳の時であった。平成六年（一九九四）のことである。俊一郎の特徴は父亮治と同じく、鬼板師でありながら、同時に彫刻家であることである。芸大では五年間、「具象」を専攻している。卒業して本格的に鬼板師の世界に入ってから、ほぼ二年間は「抽象」を模索したという。

ところが俊一郎はあるとき、大学を卒業して二年ぐらい経って友達のところへ遊びに行ったおりに、その友人が師事していた彫刻家寺沢孝明に会う。そして寺沢のアドバイスがきっかけになり、具象の世界へ舞い戻っている。

「お前もそういう鬼瓦とかは、よく人の顔とかで、そういう骨格とかその量とかをつかむ仕事を訓練していった方がいいだろう」ということで、「具象で何か物を作ったらどうだ」っていうのを聞いて、最初はえらいなと思ったし、大学時代に、そう、ある程度しか伸びなかったから、ちょっと怖いなって思ってたんですけど。

その俊一郎は今（平成二一年）では日展で何度も賞を取る日展作家に成長している。鬼板師でありながら日展作家でもあるという、これまでの鬼板師の枠を超えたハイブリッド型の鬼板師が誕生している。梶川一族のめざしている新しい鬼板師は「鬼板師になる」ための「質の近代化」であり、それに至る道の開拓を行なってきたのである。ちょうど「量の近代化」をした時に販路の拡張に努力したように。新しくて、かつ古い、異質な世界の美の伝統を統合させた「鬼板師になる」道の創造を梶川一族は実践しているといえよう（図49、50）。

図49　鬼面を作る梶川俊一郎（二代目鬼亮）

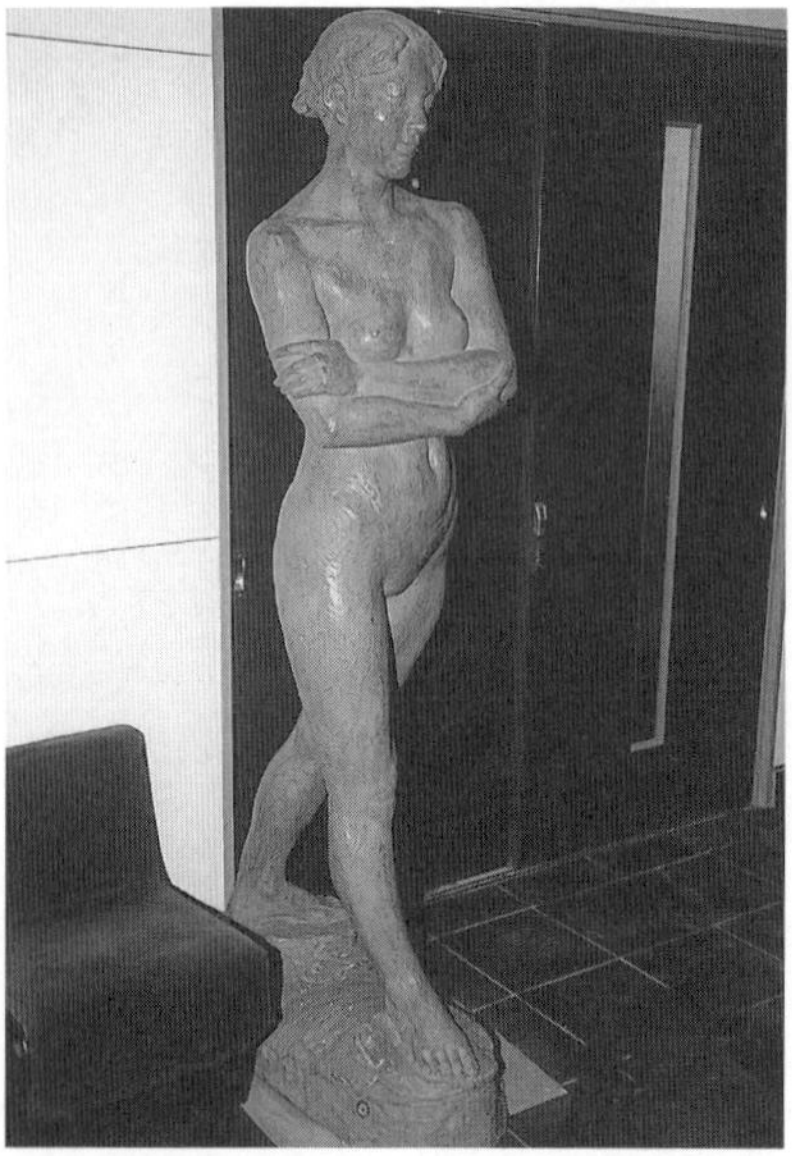

図50　近代彫刻家の顔をもつ鬼板師「ダンデライオン（タンポポ）」梶川俊一郎作

四　日本の景観を創る人々

●──甍《いらか》

鬼板師たちは昔から鬼瓦を作ってきた。確かに彼らは工場で鬼瓦を作る。しかし、鬼瓦が窯から焼かれて出た段階で完成ではない。鬼瓦はしかるべき所へ置かれて初めて鬼瓦になる。それが建物の屋根の上である。屋根の棟端や隅などに置かれると本当に鬼瓦が生きてくる。屋根には一般の和瓦とともに鬼瓦が使われ、葺《ふ》き終わると「甍」になる。鬼瓦は瓦の結び目のような役割をもつ。その結び目に古代から人は美を意識し、願いを込め、神に畏怖したのである。普通、家は一軒だけで孤立しては建っていない。人は「人間」であり、人が集まって生活をする。家が何軒も何軒も建ち並んで、村ができ、町ができる。すると甍が重なり合っていき、遠くから見ると美しい甍の波となり、その地方独特の景観ができ上がっていく。つまり、鬼板師は鬼瓦を作りながら、町の景観を作っていることになる。いろいろな場所を旅して歩くと、まず目に飛び込んでくるのが自然に囲まれた町並みであり、その土地特有な町の景観なのである。その町の景観の中心をなすのが、一つ一つの屋根といえる。町の景観の美しいところは、この屋根が整い、揃って、全体の統一がとれている。その様子を昔から人は「甍の波」と呼んできた。日本の伝統的な甍の波は一夜にして生まれたわけではない。ながい長い年月をかけて日本の景観を形作ってきたのである。最初は仏閣という点であった。それが徐々に繋がり始めて線のようになり、やがて広がっていき面となった。その面が波打ったような甍の波となっていったのである。そしてこの甍の波には独特な清涼感がある。事実、和瓦の銀色をした燻《いぶ》し瓦にはフッと心を和ませるものが存在する。丸市の加藤元彦は次のように言う。

　この表面にね、雨が当たって飛ばしが飛びますと、マイナスイオンが発生するんです。叩いてもマイナスイオンが発生するってことは、浄化になるわけです。

図51　「甍の波」が息づく織田町（福井県宮崎村）

　このように和型の燻し瓦のマイナスイオン効果を日本屋根がもつ独特な清涼感として人々は感覚的に捉えていたように思える。そして燻し瓦が幾百枚も葺かれた一軒の和瓦の屋根からマイナスイオンが集中発生する場の中心に鬼瓦があり、招福の印、降魔《ごうま》の印として場をより神聖なものへと高めているといえる。さらに、その和瓦の屋根が五軒、十軒、百軒……と甍の波に変わるとき、日本特有の景観が生まれるのである。エネルギーの場が発生するのである（図51）。

　ところが、この長い年月をかけて作り上げてきた日本の景観が今、急速に変わりつつある。一般の町で、古くからの甍の波が見られるところは珍しくなり、逆に町おこしなどを通して、新たに古い町並みを復元ないし復活させるといった動きさえところによっては存在するこの頃である。残念ながらほとんどの町は甍の波に次々と虫食い現象が起き、コンクリートや鉄骨による箱型の建物が多くなり、それが柱状に突出し、さらにその間《ま》に間に、西洋風の屋根をもつモダンな感じのする不統一な家々が建ち並ぶようになってきている。日本のこれまで普通に在った景観があちらこちらで崩れており、調和の乱れたパッチワークの状態に町はなり、景観美というにはほど遠い状態である。山本鬼瓦の山本信彦は次のように話している。

昔の物のほうが面白みがあると。屋根にね。屋根の飾りにいろんな人形飾ったりとか。そういうことの意識が、もう、今の設計士さんにはないじゃないですか。何かそういうのをダサいと。逆にね、もっとそこをスッキリ、スッキリやる。「スッキリ」っちゃ、カッコいいけど、「何も無い」ってことになるね。「たんなる無能だ」って言っとるんだよね。そのスッキリっていうことは。デザイン、よう描かないから、自分で。じゃあ、そこに、鍾馗《しょうき》さんでも、絵心があって、スッキリしたところに描けば描くだろうけど、描けないから。それを「Simple is the best」って言っとるんだよね。いいわけですよ、本当は。

「Simple is the best」っていう意味じゃなくて、たんなる単純化。だから、例えば平板の平たい屋根にしてもね、東南アジアにしろ、棟のところに牛とか飾るじゃないですか。いろんなデザインのものをね。それを変になんか、ヨーロッパ見てきたから、ヨーロッパの簡単なやつだけ見てきて、それを日本にこう、導入しようとするのが、それがセンスのいい設計士さんだという間違いが、完全に一九九〇年代に、完全にそういう形になっちゃった。それを変えてかにゃいかん。

だから今のままだと、だんだん、そういうふうに。せっかく屋根って見えるじゃないですか。外から。外から見えるものが、簡単な、洗練も何もない。ものすごくさびしいよね。ゴチャゴチャでいいじゃないかって。ここにこういう物があって、ここにこうと。それを全部、今、取っ払っちゃって、みんなありきたりな屋根になっとって、もったいないですね。

大手のハウスメーカーによる屋根瓦の平板化は、同時に経済性追求の結果でもある。和瓦を使い、棟を築《つ》き、鬼瓦を据えるとコストが高くなるのは事実である。飾りの部分を取り去り、さら

図52　屋根葺き業者かつ鬼板師（伊藤善朗）

には瓦の形状を平らにして、薄い板にすればコストは当然のことながら下がる。しかし、日本のように雨の多い湿潤な土地に発達した和瓦を捨て、異なる自然環境に適した形の屋根に変えることは現実的な問題を発生させる。伊藤鬼瓦の伊藤善朗はこの点に関して言及している（図52）。

僕んたち、僕は施工工事業者（屋根葺き）の面もあるからね。そういう経験もあるからね。やっぱ、庇《ひさし》が、もう、早く腐っちゃうんじゃないかと。（平板瓦は）そういう通気性のないもんだもんね。で、あの和瓦の波状っていうのはね、昔はよう考えたなと。あの、こんなんに、要するに、桟のとこがね、通気性が良く作ってあるわけだね。下地が大きくてね。ほんだで、お寺のね、例えば、物っていうのは、捲《めく》っても雨漏りっていうのがね、なければ、下地が十分ですよ。また葺き替えたってできるんだからね。今、普通の民家葺き替えりゃ、（下地が腐っていて）足がズボッて入っちゃう。

図53　平板瓦を持つ民家（豊橋市）

伝統的な和瓦の屋根に対して一見モダンでスマートな感じのする平板瓦の家が一般民家として急速に増えてきた。しかし、善朗の言うように、その平板瓦を葺いた屋根は深刻な問題を抱えていることは事実である（図53）。

何が犠牲になるかといえば個々の家の耐用年数であろう。これは機能面からの問題点だが、ハウスメーカーとすれば次の建て替えの周期が短くなり、別の意味で経済効率がいいのかもしれないが。

もっと深刻なことは広い意味での文化であ

る。そして狭い意味での各地の地域性や伝統である。さらに土地の景観を担う地方色豊かな媒体である和瓦の屋根の退潮は瓦生産の現場へじかに影響を及ぼし、鬼板屋を直撃する。鬼板師は鬼を作って生活をする。その根本のところが崩れていっているのである。技術の伝承それ自体が今、危機に晒《さら》されている。「日本の景観を創る人々」そのものの存続が危くなっているのである。

家を建てるという行為はけっして個人的な行為ではなく、地域の景観に関わる重要な公共の行為なのだという意識の変革が必要なのである。そして人々の屋根に対する認識がもっともっと深まることが大切であろう。

◉——モニュメント

鬼板師は鬼瓦を作る人々のことを指す。今まで説明してきたようにその鬼瓦は鬼板師の手を離れて独り立ちし、屋根の上に自分の場所を見出す。その繰り返しが日々、日本の景観を形作っていることになる。屋根の上にあがった鬼瓦は人の目にはスポットライトが当たったステージのように触れられることはほとんどない。全体の風景の中に溶け込んでしまう。鬼瓦を作った鬼板師が誰なのかは誰も気にもかけないし、通常は分からない。それゆえ、「鬼板師」を知る人はほとんどいないことになる。

ところが鬼板師は屋根の上にだけでなく、人々の生活の中にもモニュメントという形で、独特な空間を創り出す。

モニュメントは町のところどころに見かけることができる。さまざまなモニュメントがある。金属製、石製、木製、プラスチック製のものなどなどである。形状もさまざまである。その中にやはり陶製のものがあり、陶製の一つとして、瓦製、つまり鬼板師が作ったモニュメントが存在する。モニュメントはやはり鬼瓦以上に相対的には大きくなるので、基本的に場所が限られる傾向がある。地域色が強くなる。石材産業のある町には石の彫刻が多いし、林業が盛んな土地では木彫が多く見られることになる。高浜、碧南地区もその例外ではなく、数々の鬼板師が腕をふるったモニュメントが町を活性化させている。モニュメントは日々の生活の目印にもなり、日常に憩いをもたらし、他の土地との差異化のシンボルとして作用する。地方色を強める作用がある。車やバスの窓からチラッとモニュメントが目に入ったとき、「われわれの町だ」「われわれの土地だ」と、人は確認する。また日々の遊びや生活、通勤などを通して、人々の暮らしの中の重要なシンボルとして「土地の記憶」を構成している。土地に生きる文化といえよう。

図54　高浜市を見守る観音像
（浅井長之助作）

鬼板師が作ったモニュメントをいくつかここで紹介したい。それらは鬼瓦と同様に町の景観をつくる重要な役割を担っている。まず高浜の象徴ともいえる観音像がある。陶管製の観音像としては日本一である。昭和三四年（一九五九）、伊勢湾台風の直前に建立されたもので、高さは八メートルもある。初代鬼長の浅井長之助が作っている。鬼長六代目浅井頼代がその観音像にまつわる逸話を話してくれた（図54）。

寄付というよりも、まあ、貰ってもらったんですよね。まあ、高浜にお嫁に出したようなもんですよ（笑い）。おじいちゃんも、この、これが、七メートルだと聞いているんですけどね。これの数が七二個に切れてるというふうにも聞いてます。まあ、ほんでも、お観音さん、七二に切って、「せめて、自分の命も七二ぐらいまではね、生かしてください」という念願を込めながら作ったって言って、後で笑い話で聞いたけど、やっぱり亡くなった時も七二歳だったんです。

長之助は観音像のほか、大山公園の大狸（高さ五・二メートル）など多くのモニュメントを作っている。また、初代鬼仙の岩月仙太郎が製作した若宮神社の龍もモニュメントといえる。生《しょう》が入った感じがする素晴らしいもので仙太郎のバンクモノの成果が結晶化している感じがする（図55）。また春日神社には土管焼きの大きな獅子が入り口に一対ある。鬼板師であった窓庄の杉

図55　岩月仙太郎の龍（若宮神社）

図56　赤茶色に照り光る獅子（杉浦庄之助作）

図57　古代鬼面（加藤元彦作）

上から図58、59、60、61
「喜」「怒」「哀」「楽」（萩原尚作）

浦庄之助が昭和一五年に製作したものである（図56）。同じ形のものが当時の満州国撫順神社にも一対奉納されていた。昭和三〇年には高浜小学校正門前に楠正成・正行の親子像（楠公さんの桜井の別れのシーン）を庄之助は作っている。

名鉄高浜港駅前にある広場の巨大な古代鬼面（高さ四・五×横四・二メートル）も目を引くモニュメントである。平成一〇年に丸市の加藤元彦、佳敬親子が協力して製作している（図57）。小さいものだが一風変わったモニュメントとして、高浜市立南中学校のそばを流れる稗田川の橋の袂《たもと》に「喜」「怒」「哀」「楽」という鬼がそれぞれ一体ずつ四隅に置かれている。萩原製陶所の鬼板師、萩原尚が作ったものである（図58、59、60、61）。

図62　龍棟込（梶川務作）

さらに地元を離れると、梶川一族の一人、梶川務が製作した龍棟込《りゅうむなごみ》が挙げられる。豊橋市祥雲寺の本堂の棟側面を泳ぐ雄大な龍である。これは務から教えてもらった龍ではなく、務が納入した先の伊藤鬼瓦の伊藤善朗に連れていってもらったのがきっかけで知ったもので不思議な縁《えにし》を感じる（図62）。

最後になるが、モニュメントと鬼瓦が合体したような巨大な作品が現れた。初代鬼亮の梶川亮治が平成二〇年に完成した念佛宗無量壽寺総本山本堂の鬼瓦である。高さ九メートル、幅八・八メートル、重さ一〇トン、合計二二〇個の単体からなるギネス世界記録に登録されている世界一の鬼瓦である。兵庫県加東市にある源義経ゆかりの地、三草山にその本堂は建てられている（図63）。

図63　鬼面付経ノ巻足付（梶川亮治作）

おわりに

日本に住んでいると、自分を取り巻く日々の環境はどうしても空気のように在って当たり前のようで、あまり意識にものぼらない、またある意味、まるで価値のないようなものになってしまいがちになる。日本の景観を作る重要な要素の一つである屋根はそういった在って当たり前、別に無くてもかまわない、いや、そういった意識さえもないといった範疇に入っている感じがするこの頃である。その屋根を構成するだいじな資材が和瓦であり、鬼瓦である。こうした和瓦や鬼瓦がだいじにされない昨今の日本の状況をとても危惧している。

まだ一般の町にもつぎはぎ状に、和瓦をもつ家がそれなりに残っている。場所によっては市や町や村が、そしてそこに住む人々が自分の住む町の景観の大切さに気づき、協力して昔の町並みを復活させたり、新しい町並みを作る努力をしているところもある。しかし一方、一九九〇年あたりから次々と大手ハウスメーカー各社を中心とし、さらには中小ハウスメーカーも追随して、洋風な造りで一見モダンでスマートな感じがする「棟をもたない」「鬼瓦が無い」「日本瓦を葺かない」いわゆる平板な瓦の屋根をもつ建物に変わりつつあることは否定のしようがない。おそらく家を新たにもとうとするほとんどの人は、屋根がどうあろうと全く構わないし、屋根の形状は意識の外といった状態だと思う。ところが、一軒が二軒に二軒が三軒となり増えていくと、あっと気がついた時はあたり一面、平板の（洋式の）屋根で空間が埋め尽くされてしまっているのである。それがどういった結果をもたらすのかといえば、日本の景観が「アメリカの町並み」風になってしまうことを意味する。日本はディズニーランドではないのだ（図66、67、68、69）。

▶図65 ▶図66 アメリカの一般民家（インディアナ州ブルーミングトン）

▶図67 ▶図68 アメリカのコピーに見える日本の一般民家（豊橋市）

海外に旅に出て、日本に帰国した時に感じる喜びはやはり「日本の町並み」を見た時である。ただの町並みが「日本」というモニュメントになる瞬間である。日本ではそれほど大切に感じることができない日本の景観は、世界という視点から眺めるととてもユニークで独特な文化なのである。それを洋風化の波に日本の景観までも明け渡してしまうのは、自ら自分の言葉・文化を放棄するような行動である。個々人が日本人として誇りをもち、日本文化を大切にする気持ちをもつことが肝要であり、一つ一つの家が日本の景観を形作るのだという意識の変革が欠かせない。

さまざまな鬼板屋を何度となく訪れ、たくさんの鬼板師の人々と会い、話を聞き、仕事を見ながら、私自身が今まで知らずに住んでいた未知の世界が徐々に目の前に浮かび上がってきた次第である。一軒でも多くの和瓦の屋根をもつ家が建ち、甍の波がもう一度日本の村や町に蘇ることを祈って『鬼板師』の筆を擱《お》きたい。

参考文献

瓦

駒井鋼之助　「三州瓦」『日本産業史大系5』東京大学出版会　一九六〇
『粘土瓦読本』彰国社　一九六三
「三州瓦の変貌」『研究紀要』第三号　社会経済史研究所　一九六六
「鬼瓦の呼称」『史跡と美術』第三八七号　史跡美術同好会　一九六八
『かわら日本史』雄山閣　一九七二
森郁夫　『瓦と古代寺院』臨川書店　一九九三
『瓦』ニューサイエンス社　一九八六
『瓦』法政大学出版局　二〇〇一
藤原勉・渡辺宏『和瓦のはなし』鹿島出版会　一九九〇
前場幸治編　『古瓦の文化史』前場資料館　一九八九

鬼瓦

三州鬼瓦製造組合・三州鬼瓦白地製造組合
『三州鬼瓦総合カタログ二〇〇〇年度版』三州鬼瓦製造組合・三州鬼瓦白地製造組合　二〇〇〇
小林章男・中村光行『鬼・鬼瓦』INAX出版　一九八二
小林章男　『鬼瓦』大蔵経済出版　一九八一
『生きている鬼瓦』アメックス協販　一九八五

『続・鬼瓦』私家版　一九九一

鬼板師

石田高子　『甍のうた』愛知県陶器瓦工業組合　一九八三
加藤亀太郎　『甍の夢』建築資料研究社　一九九一
森郁夫　『東大寺の瓦工』臨川書店　一九九四
住友和子編集室・村松壽満子『名古屋のマエストロ』（株）INAX出版　一九九四
長野市立博物館編『屋根瓦は変わった』長野市立博物館　一九九八
杉浦茂春編　『高浜市誌資料(六)』高浜市　一九八二
高浜市伝統文化伝承推進事業実行委員会編
　『鬼瓦をつくる——愛知県高浜市の三州瓦』高浜市伝統文化伝承推進委員会　二〇〇三

景観

池上修・野口和雄・五十嵐敬喜『美の条例——いきづく町をつくる』学芸出版社　一九九六
INAXギャラリー企画委員会『瓦　日本の町並みをつくるもの』INAX出版会　一九九七
原田多加司　『屋根　檜皮葺と柿葺』法政大学出版会　二〇〇三

鬼

近藤喜博　『日本の鬼』桜楓社　一九六六
馬場あき子　『鬼の研究』三一書房　一九七一
知切光蔵　『鬼の研究』大陸書房　一九七八

若尾五雄　『鬼伝説の研究』大和書房　一九八一
中村光行　『鬼の系譜』五月書房　一九八九
倉本四郎　『鬼の宇宙誌』平凡社　一九九八

【著者紹介】

高原　隆（たかはら　たかし）

1955年　山口県徳山市（現在は周南市）生まれ
1995年　米国・インディアナ大学大学院ブルーミングトン校卒業 PhD
現　在　愛知大学国際コミュニケーション学部比較文化学科教授

主要論文＝"The Visible City and the Invisible City: Toward a Postmodern Folklore of Place,"（博士論文）University Microfilms International University of Michigan Ann Arbor 1995.6
研究分野＝アメリカン・フォークロア，人類学，記号論
研究テーマ＝アメリカにいた時は主に「人間のアイデンティティと身体と場所」の関係について調査・研究をしてきた。日本に帰ってきてからは、それから派生した研究を始め、「鬼板師の研究」と「日本の陶彫」の研究を並行してきて10年余になる。

愛知大学綜合郷土研究所ブックレット ⑱

鬼板師——日本の景観を創る人々

2010年 3 月25日　第 1 刷発行

著者＝高原　隆 ©

編集＝愛知大学綜合郷土研究所
〒441-8522 豊橋市町畑町1-1　Tel. 0532-47-4160

発行＝株式会社 あるむ
〒460-0012 名古屋市中区千代田3-1-12　第三記念橋ビル
Tel. 052-332-0861　Fax. 052-332-0862
http://www.arm-p.co.jp　E-mail: arm@a.email.ne.jp

印刷＝東邦印刷工業所

ISBN978-4-86333-025-2　C0339

刊行のことば

愛知大学は、戦前上海に設立された東亜同文書院大学などをベースにして、一九四六年に「国際人の養成」と「地域文化への貢献」を建学精神にかかげて開学した。その建学精神の一方の趣旨を実践するため、一九五一年に綜合郷土研究所が設立されたのである。

以来、当研究所では歴史・地理・社会・民俗・文学・自然科学などの各分野からこの地域を研究し、同時に東海地方の資史料を収集してきた。その成果は、紀要や研究叢書として発表し、あわせて資料叢書を発行したり講演会やシンポジウムなどを開催して地域文化の発展に寄与する努力をしてきた。今回、こうした事業に加え、所員の従来の研究成果をできる限りやさしい表現で解説するブックレットを発行することにした。

二十一世紀を迎えた現在、各種のマスメディアが急速に発達しつつある。しかし活字を主体とした出版物こそが、ものの本質を熟考し、またそれを社会へ訴える最適な手段であると信じている。当研究所から生まれる一冊一冊のブックレットが、読者の知的冒険心をかきたてる糧になれば幸いである。

愛知大学綜合郷土研究所